青鸟童书
只做对得起时间的书

北京科技大学　北京科学学研究中心　专家审定

（排名不分先后）

王道平教授　　于广华教授

徐言东高级工程师　　孙雍君副教授　　卫宏儒副教授

芮海江副教授　　韩学周副教授　　杨丽助理研究员

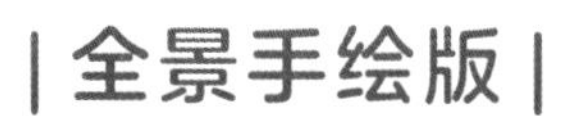

|全景手绘版|

孩子读得懂的
物种起源

◎ 达尔文 原著 ◎ 李超 编著 ◎ 王庆松 绘

北京理工大学出版社
BEIJING INSTITUTE OF TECHNOLOGY PRESS

图书在版编目（CIP）数据

孩子读得懂的物种起源 / 李超编著；王庆松绘. — 北京 : 北京理工大学出版社, 2021.8

ISBN 978-7-5682-9895-7

Ⅰ. ①孩… Ⅱ. ①李… ②王… Ⅲ. ①物种起源–少儿读物
Ⅳ. ①Q111.2-49

中国版本图书馆CIP数据核字（2021）第100346号

出版发行 / 北京理工大学出版社有限责任公司
社　　址 / 北京市海淀区中关村南大街 5 号
邮　　编 / 100081
电　　话 / （010）68914775（总编室）
（010）82562903（教材售后服务热线）
（010）68948351（其他图书服务热线）
网　　址 / http: //www.bitpress.com.cn
经　　销 / 全国各地新华书店
印　　刷 / 唐山才智印刷有限公司
开　　本 / 787 毫米 × 1200 毫米　1/12
印　　张 / 7
字　　数 / 90千字
版　　次 / 2021 年 7 月第 1 版　2021 年 7 月第 1 次印刷
定　　价 / 78.00元

责任编辑 / 李慧智
文案编辑 / 李慧智
责任校对 / 刘亚男
责任印制 / 施胜娟

图书出现印装质量问题，请拨打售后服务热线，本社负责调换

目录

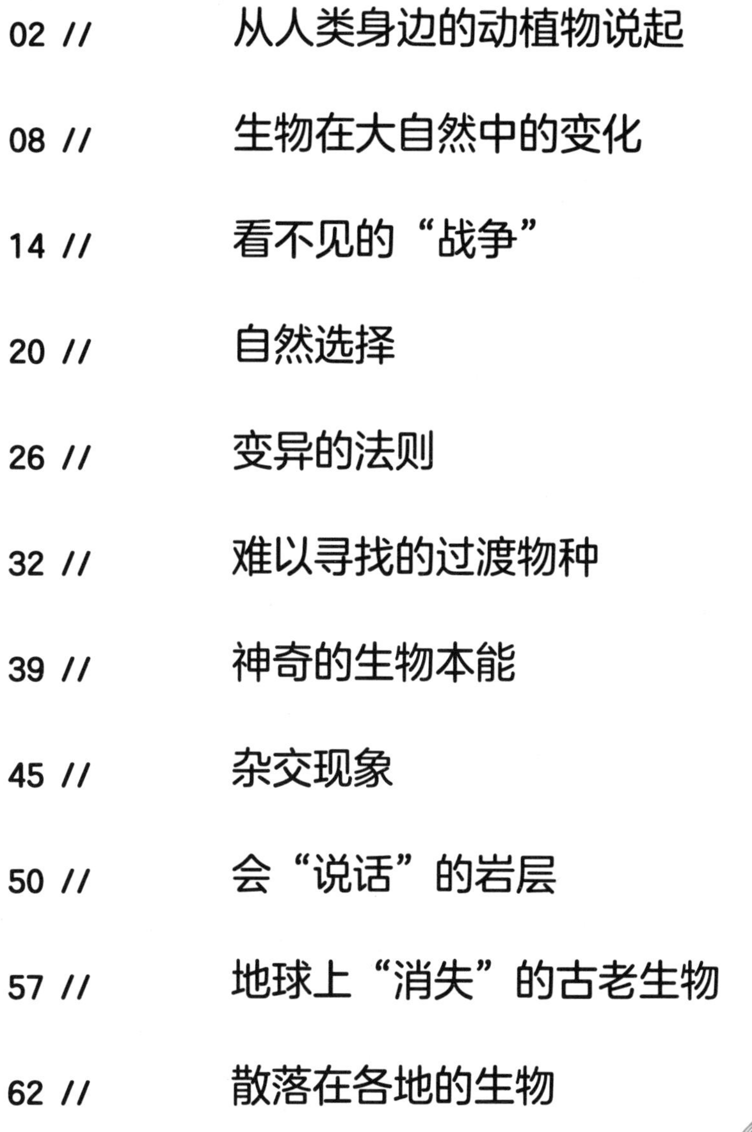

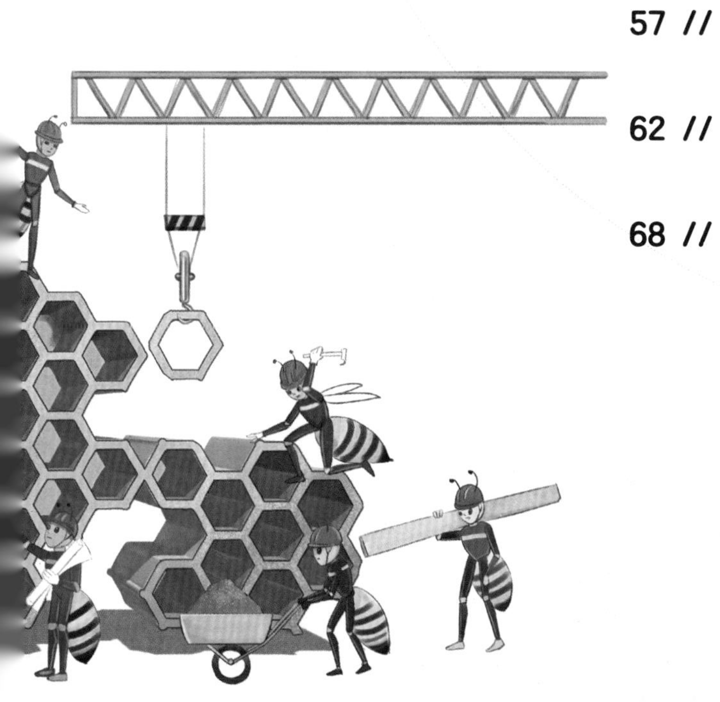

从人类身边的动植物说起

也许是某次捕捉回来的猎物没有吃完，也许是无意中撒落在房子周围的一把种子悄悄发了芽，当人类受到启发开始圈养动物、种植植物时，动植物就与人类的生活产生了更密切的联系。

那你有没有想过，你身边的家养动植物为什么会长成现在这个样子呢？家养的猪为什么没有了野猪的獠牙，家养的鸡为什么不像野鸡那样会飞，家养的草莓为什么个头更大味道更甜，家养的花也比野生的花花朵更大？

小朋友们，如果你对这些产生过好奇，就来跟我们一起在这里找找答案吧！

生物变异

从山里挖回来的野花，因为生活条件的变化，导致花期也相应有了改变。

用进废退

家养的鸭子相比野鸭，走得多、飞得少，久而久之，腿骨发达，翅骨退化。家鸭的骨骼腿骨比野鸭大，翅骨比野鸭小。

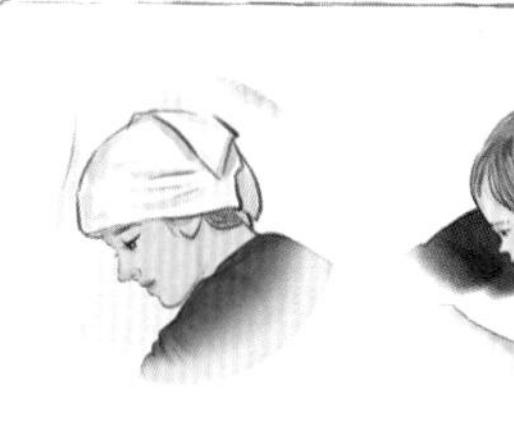

稳定遗传

爸爸妈妈的某些性状特征一定会遗传给孩子，比如说父母的皮肤颜色和发量，这是生物稳定的遗传性。

人工选择

四肢细长的狗善于奔跑，人们训练它们帮忙追捕野兽，这是人们根据自身需求做出的选择。

神秘的“魔法”——变异

德国哲学家莱布尼茨曾说过：“世界上没有完全相同的两片树叶。”其实，不仅仅是树叶，人类的双胞胎也会有细微的差别。为什么同一物种的后代也会有差别呢？

有一种神秘的“魔法”，生物学家们把它归称为“变异”。

生物的变异具有普遍性。我们今天看到的世界之所以丰富多彩，存在着千千万万不同的物种，都是因为“变异”这种魔法。变异万岁！

一只白猫与一只黑猫结合，一般情况下，它们的后代可能是黑色、白色或黑白相间的，偶尔也会出现一只灰猫，这只灰猫便是**变异**的了。

达尔文的“超前”理论

那么问题来了，物种好好的为什么会发生变异呢？尽管真相扑朔迷离，但是聪明的科学家达尔文，还是发现了一些奥秘！

出生于19世纪的达尔文是个勤奋好学的人，他对千奇百怪的事物充满了好奇。1831年，他随“贝格尔号”开始了为期5年的环球科学考察，在对动植物和地质结构等进行了大量的观察和标本采集后，他提出了“进化论”。

结合前辈的理论，达尔文认为：导致变异的内因源自生物的本质，而外因取决于物种的生活条件；内因的作用大于外因，它可以决定生物变异的性质和方向。

这个结论发表之后，就像是一块大石头砸进水中，激起了轩然大波，因为这个理论太超前了。

从爱尔兰棕熊到北极熊

外界的生活条件，是如何影响生物变异的呢？经过大量取证，达尔文得出了一个有意思的结论：生活条件的变化，会直接导致生物的某些特征发生改变。这种变化，可能是局部的，也可能是整体的。

一个物种随着时间的推移发生的变化就是**演化**。

约 60 万年前，一群北爱尔兰棕熊随冰川漂流到北极，慢慢适应了那里的生存环境，身体特征也发生了一些改变。白色的皮毛可以让它们与冰天雪地的环境融为一体，皮毛下厚厚的脂肪可以帮助它们抵御严寒。渐渐地，它们就演化成了今天的北极熊。

生活在黑暗洞穴中的穴居动物们

生命不息，运动不止

北极熊的例子已经初步证实：外因能够直接影响生物的变异。可是达尔文的脚步并没有停下，他依旧对神秘的内因充满兴趣。后来，他参考生物学家拉马克的“用进废退”学说，提出了自己的新观点：越经常使用的器官，越发达；反之，那些不经常使用的器官，就会逐渐退化。

达尔文通过观察鼹鼠和一些穴居动物发现，因为长时间生活在暗无天日的洞穴之中，它们的眼睛慢慢失去了视觉。不仅如此，“眼瞎”这个生理特征，还可以遗传给后代。

龙生龙，凤生凤，都是“遗传”了父母的美貌

其实，不只是“眼睛”这个生理特征，北极熊的“蒲扇”前掌，也会遗传给后代。**生物的变异，其实是一种积累。**祖先通过后天努力得到的变异“天赋”，会像“遗产”一样传给后代。

对于这个发现，达尔文解释说：“这是生物遗传都具有的稳定性。”民间有句老话，叫作“龙生龙，凤生凤，老鼠的儿子会钻洞”。而且，一只狗的后代，只可能是狗，而不可能是猫或鸡。

有了这个前提，生物在后天形成的变异构造，才有可能被准确地传递给后代，然后经过一代代的繁衍，最终演变出新的“分支”。

猫生猫，狗生狗，鸡生鸡，猪生猪……同类生同类，父代的一些性状特征会稳定出现在子代身上，这就是**遗传**。

150 多种鸽子，竟然有同一个老祖宗

鸽子是最早被人类驯化的鸟类之一。在很久之前，古人便学会了用鸽子来传递消息。到了现代社会，家鸽的种类更加丰富，如信鸽、毛领鸽、扇羽鸽、球胸鸽等。但你相信吗？尽管这种家鸽各有各的模样和特征，它们都是同一种野生岩鸽的后代。

对此，达尔文给出了两种不同的解释。一种是基于大数据方向的。他搜集整理了 20 多种家鸽的生物信息并与野生岩鸽进行对比，发现它们的总体特征、生活习性、叫声、羽毛颜色及其他重要构造都保持高度一致。

另一种是建立在试验的基础之上。达尔文将两种不同的纯种家鸽进行杂交，得到的后代中竟然出现了异于父母但近似于岩鸽的返祖现象。

返祖是一种特殊的遗传现象，是指有的生物体偶然出现了祖先才有的某些性状特征的现象。返祖也是生物演化的一种证据。

基于这个结论，如果人类想要得到岩鸽的某种性状特征，是否能培育出类似的家鸽呢？

答案是可能的。

人们会根据自己的需求对动植物的成长进行干预。留下生长速度快的猪仔、下蛋多的母鸡和花朵大的漂亮植株进行培育等行为都是**人工选择**。

人工选择

鸽子在野外的演化与北极熊一样，都是凭借自身努力在大自然中完成了变异。只可惜，这种自然变异所处的外部环境相对稳定单一，所以演变的过程比较漫长。正因如此，为了缩短变异的漫长过程，科学家们又发明了“人工选择”，即通过人为干预，来达到自己的预期目标。

在美国弗吉尼亚州的一个农场中，一直有个很奇怪的现象：农民们圈养的猪竟然都是黑猪。难道说，当地农民都偏爱黑色吗？

显然不是，达尔文的好友韦曼教授给出了答案。原来，除了黑猪，当地的猪吃了一种名叫赤根的植物后，猪蹄会脱落，骨头也会变成红色。当地农民发现这一规律后，在猪崽出生后，都会选择留下黑猪来饲养。

生物在大自然中的变化

前面我们说了人类在物种变异中施展的神奇“魔法”。很多小朋友可能会有这样的疑问：这种“魔法”在大自然中也会存在吗？答案是肯定的。现在，就让我们跟随达尔文的脚步，开启神秘的自然探险之旅吧。Let’s go！

森林里的夏栎有无柄花栎、有柄栎和毛栎等，是不同物种还是“变种”？

同年生的同一树种，山上的往往会生得比山下的矮，这是为什么呢？

畸形是指生物某一部分的结构发生了显著的偏差，而这一偏差对于物种来说，是有害的或是无用的，而且通常是不遗传的，如三条腿的狮子、双头的鹿等。

三条腿小狮子

你知道吗？长颈鹿的祖先们，既没有长脖子，也没有大长腿。

在动物界，很多雄性都比雌性更加美丽。

为了吃到树木上层的树叶，它们的脖子和腿才发生了变化。脖子和腿长的个体能获得更多食物。

蚂蚁是一个分工明确的群体。

鸟喙的差异是为了适应不同的食物而变化出来的，是自然选择的结果。
吃树芽的，喙非常粗大，便于把树芽从树枝上拔下来。
始祖鸟是一种生活在侏罗纪晚期的小型恐龙，因为头部像鸟，有爪和翅膀，能飞行，也被认为是最早的鸟类。
吃昆虫的，喙比较窄小。
吸血地雀的喙十分尖利，可以啄开海鸟的皮肤。
拟䴕树雀的喙像凿子，可以像啄木鸟一样凿开树皮吃到树洞缝里的树虫。
形状不一的蝴蝶中是否存在这些类型的中间变种？
异足水虱经常产生两种不同的雄体，一种有强有力的螯足，另一种有布满嗅毛的触角。

变异的基础——个体差异

生物的变异现象无处不在，它既发生在人类身上，也发生在广袤无垠的大自然中。无论是人工选择还是自然选择，在生物变异的过程中都有一个共同的基础——个体差异。

同一对父母的宝宝通常会存在差异，偶尔还会有那么一两个特殊的个体，比如短鼻子的猪妈妈生出长鼻子的猪宝宝，达尔文把**这种突然出现的构造上的显著差异现象叫作个体差异**，这种差异很有可能会遗传下来，保留很多代。

以前，很多博物学家认为，个体差异通常会出现在生物不那么重要的部分，比如动物的毛色等。然而，达尔文通过大量事实证明，某些生物的重要器官也会出现个体差异，比如某些昆虫的主干神经分支就会出现变异。

腕足动物的化石

这些形态各异的生物是同一个物种吗？要解决这个问题，我们首先要明确物种的概念。

按照生物学的定义，物种之间的界限是生殖隔离：如果父母能够不借助外界的帮助产生下一代，并且下一代还能再次繁殖，就可以认为它们属于同一个物种，并且是独立的**物种**。

物种和变种之间的区别是如此随意和模糊，以至于生物学家们对某一可疑物种常常争论不休，真让人头疼！

生物学家的烦恼——可疑物种

在大自然中，由于生活条件的变化或其他原因，同一物种的特征会出现很大的变化，这时候就形成了变种。比如，生活在北美洲北部的森林狼拥有一身漂亮的黑色体毛，而它们的祖先灰狼，体毛一般是黄灰色的。

某种生物到底是独立的物种还是其他物种的变种，这让生物学家之间产生了不少争论。达尔文的朋友华生曾经列出公认是变种的 182 种植物，令人惊讶的是，这些变种都曾被其他植物学家列为独占物种。达尔文把**这些暂时无法确定是物种还是变种的生物称为“可疑物种”**。

类似的情况在类型比较多的属里更加严重，在同一个属中，一位叫巴宾顿的植物学家列举了 251 个物种，而本瑟姆先生却只列举了 112 个物种，也就是说，在两位生物学家的眼里，仅仅在一个属中就存在 139 个可疑物种！

腕足动物，不管生活在哪里，外表都会有很大差异，尽管它们很可能有相同的父母。

“身份不明”的中间形态

其实，决定物种和变种的关键除生存地之间的距离外，还有相似变异、杂交等因素。一个物种演变为另一个物种要经过一个很长的过程，**两个物种之间的中间形态往往就会被列为变种。**比如，科学家们认为始祖鸟就是介于恐龙和鸟类之间的中间形态。可惜的是，在达尔文生活的时代，古生物学还不是很发达，人们还没找到始祖鸟的化石。

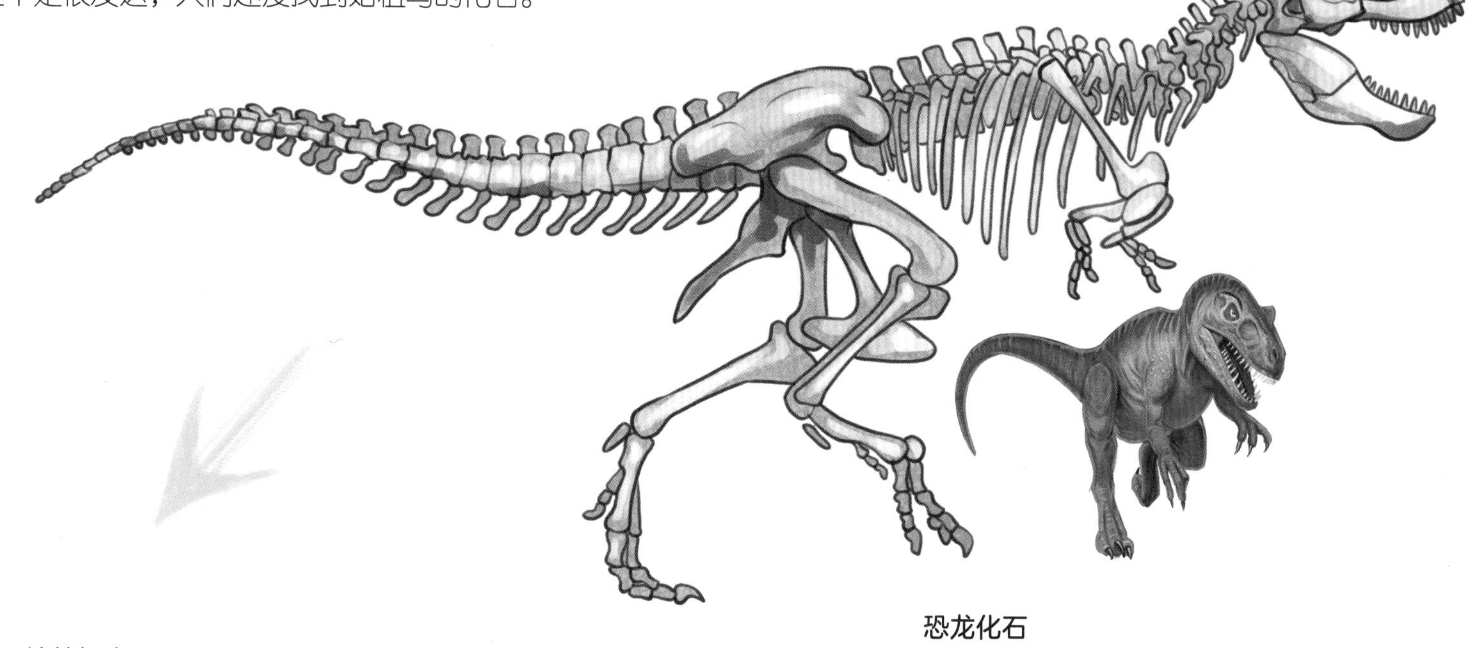

恐龙化石

始祖鸟 柏林标本

1961 年，人们在德国的巴伐利亚州发现了一块形态奇特的化石，它既有爬行类动物的特征，也有鸟类的特征。生物学家们给它取名为“始祖鸟”，也就是“第一只鸟”的意思。始祖鸟化石是已知的唯一拥有类似鸟类和恐龙特征的化石，被认为是连接鸟类和恐龙的中间形态的重要证据。

始祖鸟复原图

鸟类化石

物种？还是变种？

看到这里，很多小朋友会产生疑问：存在这么多可疑物种，什么样的差异才能区分两个物种？有多大的差异才是变种级别的呢？那么多的可疑物种又是怎么排除的呢？其实，这样的疑问很多博物学家也曾有过。

达尔文认为，我们不必过于纠结这个问题，因为它们之间没有十分明确的界限。我们应该把注意力放在变化的过程上，这才是最重要的。任何比较明显和固定的轻微变种，都可以变化为更加固定的变种，接着走向亚种，最终成为新的物种。

如果一个物种的变种数量非常多，甚至超过了原来的物种，它就会被定义为新的物种，而原来的物种就可能会被定义为变种；如果二者的数量相当，就可能会被当成两个独立的物种。当然，并不是所有变种都能最终发展成新物种，它们也可能会灭绝或者长期被人们当作变种。

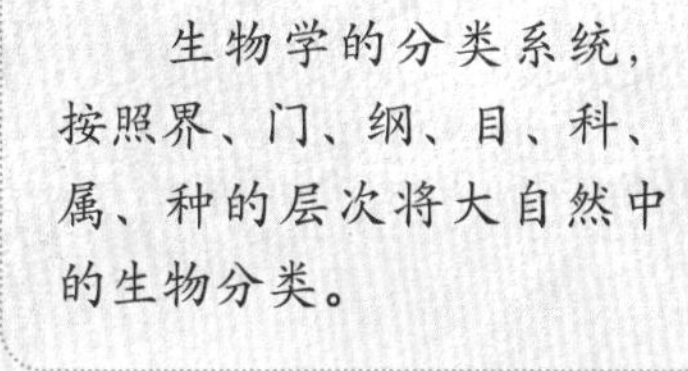

棕熊在生物学中的分类为动物界→脊索动物门→哺乳纲→食肉目→熊科→熊属→棕熊。

家族越大，越容易“分家”

在大自然中，分布越广、家族越大的生物越容易出现变种，这是因为大家族的成员们往往生活在不同的自然条件下，它们的分布广、数量多，需要和不同的生物斗争才能生存下去。比如，在地球上分布最广的被子植物有 20 多万种，它们分布在世界各地，样子也是千姿百态。

在和其他生物的不断斗争中，物种不断发生变异，将有利于生存的优点保留下来，再把这种优势遗传给后代，就算变种和亲种之间有差异，也必然会继承亲种的优点。

这样一来，当某个物种的数量和扩散程度超过同一地区的其他物种时，就会成为优势物种，不断发展壮大，最后成为“统治者”。

看不见的“战争”

自然界生物之间的斗争每时每刻都在上演，为了获得生存的权利，生物使出了全部的本领：爬山虎长出了吸盘，槲寄生结出了诱人的果实，蒲公英的种子长在“伞”上……就连同类之间，这种斗争也在不断进行着，只有最健康、最强壮、最适应环境的物种才能存活下来。

为了填饱肚子，一只
鹰会吃掉啄木鸟的幼鸟。
为了能够传播种子，
蒲公英把种子藏在毛茸
茸的“伞”中，这样就
能被风带到很远的地方。
“今年的雨也太
少了，我快要渴死了。”
生存环境也会
影响生物的数量。
生物之间的斗争会产生连锁反应：牛喜
欢吃三叶草，三叶草要靠土蜂传粉；田鼠喜
欢吃土蜂的蜜，会因此捣毁土蜂的巢穴；猫
捕食田鼠，所以，养牛的人也喜欢养猫。

神奇的艺术家

在神奇的自然界中，生活着一种叫作龙虱的昆虫，虽然它长得不是很出奇，本领却大得出奇——在昆虫大家族中，它是少数可以潜水的。龙虱之所以能够潜水，是因为它的腹部长着两排气门，还有遍布全身的气管，在潜入水中时，可以把氧气输送到全身的每个组织中。

其实，像龙虱这样神奇的物种还有很多，例如，啄木鸟可以用长长的喙啄出树洞里的虫子，长颈鹿长长的脖子可以帮助它吃到树顶的叶子，爬山虎的“吸盘”可以让它爬到高高的墙上。

如果仔细观察你就会发现，巧妙的结构存在于每种生物中，大自然就像一个神奇的艺术家，赋予了各种生物神奇的能力，让它们能够适应周围的生存环境，并且可以随着环境的变化做出改变。

无处不在的战斗

生物为什么能够获得这样神奇的能力呢？其实，这一切都来源于生存斗争。达尔文认为，无论在哪里，生物之间都在进行着战斗。我们喜欢树上自由歌唱的鸟儿，却没有想到这些“歌唱家”在获取食物时正在消灭另一个生物。当然，鸟的蛋和幼鸟也会被其他鸟兽吞食，这种斗争在每一种生物身上都在不断发生。

田野里的食物链

槲寄生与苹果树

事实上，在自然界，生存斗争的形式复杂多样。山坡上，几棵槲寄生静静地缠绕在苹果树上，就像给它披上了一层绿色的外衣，每到秋天，槲寄生的枝条上就会结满橘红色的果子，迎风摇曳，十分漂亮。

槲寄生靠苹果树才能往高处生长，获得足够的阳光。不过，对苹果树来说，槲寄生没有带来益处，反而有害。在这样温馨画面的背后，槲寄生和苹果树无时无刻不在发生战斗，争夺水分和养料。如果槲寄生过多，苹果树就会枯萎，紧接着，依附在苹果树上的槲寄生也会枯萎。

而且，槲寄生的幼苗之间也存在斗争，它们的种子要靠鸟类才能传播，所以，需要用它们鲜艳香甜的果子引诱鸟类。

槲寄生依靠苹果树生存。

每种生物都想“占领地球”

就像我们上面所说的，每种生物都在不断地斗争，以争取繁衍更多的后代，最后“占领”地球。现在请小朋友们思考一个问题：如果没有节制，每种生物都自由繁衍，会产生什么样的后果呢？

其实，这个问题达尔文早就想过了。在所有的生物当中，非洲象的繁殖是最慢的，经过估算，就算是以最慢的速度繁殖，约在 750 年之后，一对非洲象的孩子也会有 1900 万头，地球根本站不下它们了。对于繁殖速度更高的植物，“占领地球”的时间就会更短。想象一下，这是多么可怕的景象！

不过，小朋友们大可不必担心，因为在自然界中有很多抑制生物无限繁殖的因素，这些因素无处不在，所以根本不会出现某种生物挤满地球的情况。

拯救地球的“超人”

一号“超人”叫作“破坏”。根据达尔文的研究，植物的幼苗和动物的卵及幼崽是最容易受到伤害的，除各种天敌的破坏外，它们还经常被人类或人类所养的家畜破坏，而且，较小的植物还会被体型高大的其他植物“排挤”，被抢走养分导致枯萎。

二号“超人”叫作“食物”。所有的生物都需要食物和养分，而大自然中的食物是有限的，无法满足所有生物的需求。不过，达尔文发现，一种动物的数量往往不是由食物的多少决定的，而是由它们需要被当作食物的数量决定的。

三号“超人”叫作“环境”。每种生活在地球上的生物都需要有利的生存环境，比如，水稻需要“喝”水；橘子需要生长在阳光充足的地方；荷花开放在水里。如果环境突然变化，就会导致生物大量死亡。

除这三位“超人”外，影响生物繁殖的因素还有很多，如传染病等，这些因素共同组成了护卫地球生态平衡的“超级英雄”团队。

牛与冷杉树的恩怨

除了这几位“超人”，人类的干预对生物之间的斗争也起着非常重要的作用。在达尔文居住的地方，原本只有一座小山顶上长着一些冷杉树，可是当人类把荒地一块一块地圈起来后，这些冷杉树便肆无忌惮地繁殖起来，很快就占领了整个围地。

经过仔细观察，达尔文发现，在没有被圈起来的荒地上，除了以前的老树，很少有小树长成。这是为什么呢？原来，这些“坏事”都是牛干的，它们吃光了所有的冷杉树幼苗，连最小的都没有放过。

不过，在巴拉圭有一种蝇能控制牛的数量，它们把卵产在刚出生的小牛的肚脐中，所以，在没有人类保护时，牛的生存就很艰难。不过，这种蝇有另一种昆虫类天敌，如果这种昆虫的数量增加了，蝇的数量就会减少，结果就是牛的数量增加，紧接着，植物的数量就会减少，而植物数量的变化又会影响昆虫的数量。

你看，在神奇的自然界中，这种生物之间为了生存而发生的战斗无时无刻不在进行，而且会相互影响。任何一场胜利都不是最终胜利，任何一种生物都不能高枕无忧，这样不断循环，最后达到一种平衡。可以说，所有的生物都生活在一张巨大的网中。

“家族内部斗争”更加激烈

更加有趣的是，最残酷的生存斗争不是发生在不同的物种之间，而是发生在同类的个体和变种之间。由于同属生物的身体构造和生活习性十分相似，所以，一般来说，它们争夺的东西也几乎一模一样。就像两个小男孩会同时喜欢汽车玩具，而两个小女孩会同时喜欢芭比娃娃一样。

所以，我们能够得出一个结论：就算是同一个家族的生物，也不得不为了生存而斗争，自然界的斗争是不会停止的，只有健康和强壮的个体才能生存下去。

自然选择

亲爱的小朋友们，前面我们讲过了，为了生存和繁衍，生物之间不断进行着斗争。那么，这些斗争最终会产生怎样的结果？动物的繁衍又是怎样进行的？孔雀的羽毛为什么那样漂亮？鸟儿的歌声为什么那样动听？公鸡为什么那么好斗？一切的秘密都藏在本部分的内容中。

除颜色保护外，有些动物还穿上了“铠甲”，比如狮子厚厚的鬃毛可以减少受到伤害。
“还好我跑得快。”
大自然会毫不留情地淘汰掉生存能力差的生物。
为了繁衍后代，雄性动物使尽了浑身解数。雄鸟常用优美的“舞姿”吸引雌鸟。
为了保护自己，大部分动物都穿上了和环境色相同的“衣服”。
“我在这里呀！”

在动物园里，曾经的天敌也可以成为“朋友”。

两只鸽子的故事

我们先来讲个小故事：有两只鸽子，一只生活在野外，另一只是人类养的。这两只鸽子有一个共同特点——喙不够坚硬。不过，它们的命运却截然不同。野外的这只鸽子由于喙不够坚硬，总吃不饱，没多久就饿死了；而家养的这只鸽子得到了人类的帮助，顺利长大。

其实，这个故事就是我们之前说过的人工选择和自然选择。从结果来看，在人类的帮助下，家养鸽子存活率似乎更高，而生长在野外的鸽子就没有这么幸运了。

这种情况不仅鸽子有，其他动物也有。小朋友们在逛动物园的时候一定发现了，那里的野兽显得十分懒散，狼也可以温顺得像绵羊一样。甚至原本的天敌也可以成为“朋友”，和平共处，这是因为它们不用努力就能轻易得到食物，所以它们的奔跑速度和其他能力都比野生动物要弱很多。

残酷的大自然

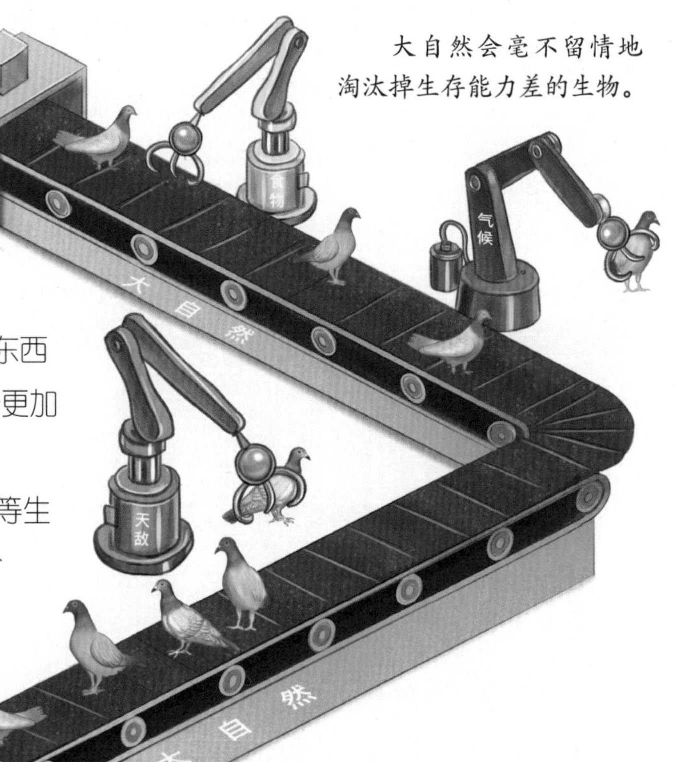

大自然会毫不留情地淘汰掉生存能力差的生物。

通过一次又一次的人工选择，一只白羽鸡只需要喂养短短的40多天就可以出栏，体重却可以达到2.5千克，这比自然界中的其他“近亲”的成长速度要快得多。

那么，自然界的选择为什么没有产生这么大的效果呢？其实，自然选择改变的东西更多，只是我们感觉不到。人类在进行选择时只关心是否对人类有用，而自然选择更加关心生物的利益，它可以改变生物体内的每一个基因。

对于自己种植或饲养的生物，人类会不分良莠地去保护它们，不会严格地把劣等生物淘汰掉，也不会让雄性动物通过争斗来获得配偶。与人类比起来，大自然就像个严格、精密、不知疲倦的机器，每时每刻都在淘汰那些无法适应环境的生物。

穿上“花衣服”

在残酷的大自然中，动物学会了各种各样让人眼花缭乱的生存本领，“穿上花衣服”就是它们最有趣的本领之一。

如果仔细观察，我们就会发现：吃树叶的虫子几乎都是绿色的，吃树皮的虫子则是灰褐色的；每到冬季，山上的松鸡就会变成雪一样的白色……千万不要认为这些颜色仅仅是为了美观，它们可以帮动物与环境融为一体，就像穿上了“隐身衣”一样，可以减少来自其他生物的伤害。

颜色对动物十分重要，植物也同样如此。植物学家会告诉你，紫色的李子比黄色的李子更容易染上某种病虫害；在美国，无毛的果实比有毛的果实更容易受到象鼻虫的伤害。

大自然的考验会给生物披上最合适颜色的“衣服”，让它们能够更好地生存下去。而生物一旦获得了这种颜色，就会长时间把它保留下来，成为一种本领。

找一找：这幅图中有多少藏起来的小动物呢？

公鸡的距是爪后多出来的一个脚趾，非常锋利，是它们战斗的“武器”之一。

好斗的雄性

保护色可以减少生物受到来自其他物种的伤害，却无法减少物种内部的斗争。在自然界中，几乎每种雄性的动物都十分好斗，这是为了在心爱的异性面前展现自己的雄壮，获取“爱情”，繁衍后代。

不过，这种斗争的结果并不是让失败的一方死掉，而是让它们少留下后代，这样对整个物种更加有利。一般来说，越强壮的动物生存能力就会越强，也越能够适应自然环境，而它们留下的后代也会越多，这也是自然选择的一种形式。

除有强健的体格之外，要想在争斗中取得胜利，往往还需要有力的“武器”。比如，雄鹿的角、公鸡的距、锹形虫的大钳子，都是用来战斗的武器。不过，在鸟类中，这种斗争要显得“绅士”很多，有的雄鸟会通过“歌唱”来吸引雌性，有的则会用华丽的羽毛吸引对方的注意。

自然界也有杂交

前面我们提到，雄性之间的战斗是为了争夺繁衍的权利，大多数动物需要交配才能繁殖。不过，达尔文收集了大量事实，做了很多试验后得出一个结论：不同变种，或者相同变种不同品系的生物杂交，可以使动植物的后代变得更加强壮，且繁殖能力更强；相反，近亲交配会减弱生物后代的体质和繁殖能力。

杜蒙羊的全家福

达尔文曾经做过一个试验：他把甘蓝、萝卜、洋葱与它们的一些变种种在一起。经过一段时间后，这些植物发生了杂交，达尔文发现，用这些植物的种子培育出的幼苗只有一少部分保留了原来的特点，繁殖能力也比原来强了不少。

这种杂交现象在动物中也普遍存在，人类就经常使用杂交来使家畜对人类更加有益，比如杜蒙羊的爸爸是来自南非的杜泊羊，妈妈则是蒙古羊，使杜蒙羊同时具有爸爸生长时间短和妈妈适应能力强的优点。

消失的长角牛

对于物种来说，自然选择会产生两种结果：一些生物保存了对生存有利的变异，不断繁衍，家族越来越壮大；另**一些生物在这场残酷的生存斗争中处于劣势，数量不断减少，最终消失不见，达尔文把这种现象叫作“灭绝”。**

这一现象在人工选择中也时常发生，人们通过品种改良逐渐淘汰旧有的低劣品种。例如，在英国约克郡的肉牛养殖中，长角牛取代了古老的黑牛，后来，长角牛又被肉质更好的短角牛取代。那里的农民不得不感叹：“这些牛简直就像是被瘟疫一扫而光一样。”

神奇的生命之树

从地球上诞生生命以来，自然选择就在不断进行，时间越长，物种也就越多。那么，众多的生物有没有可能拥有共同的祖先呢？对于这个问题，达尔文已经给出了肯定的答案，并且用生命之树的形式画了出来，是不是很神奇呢？

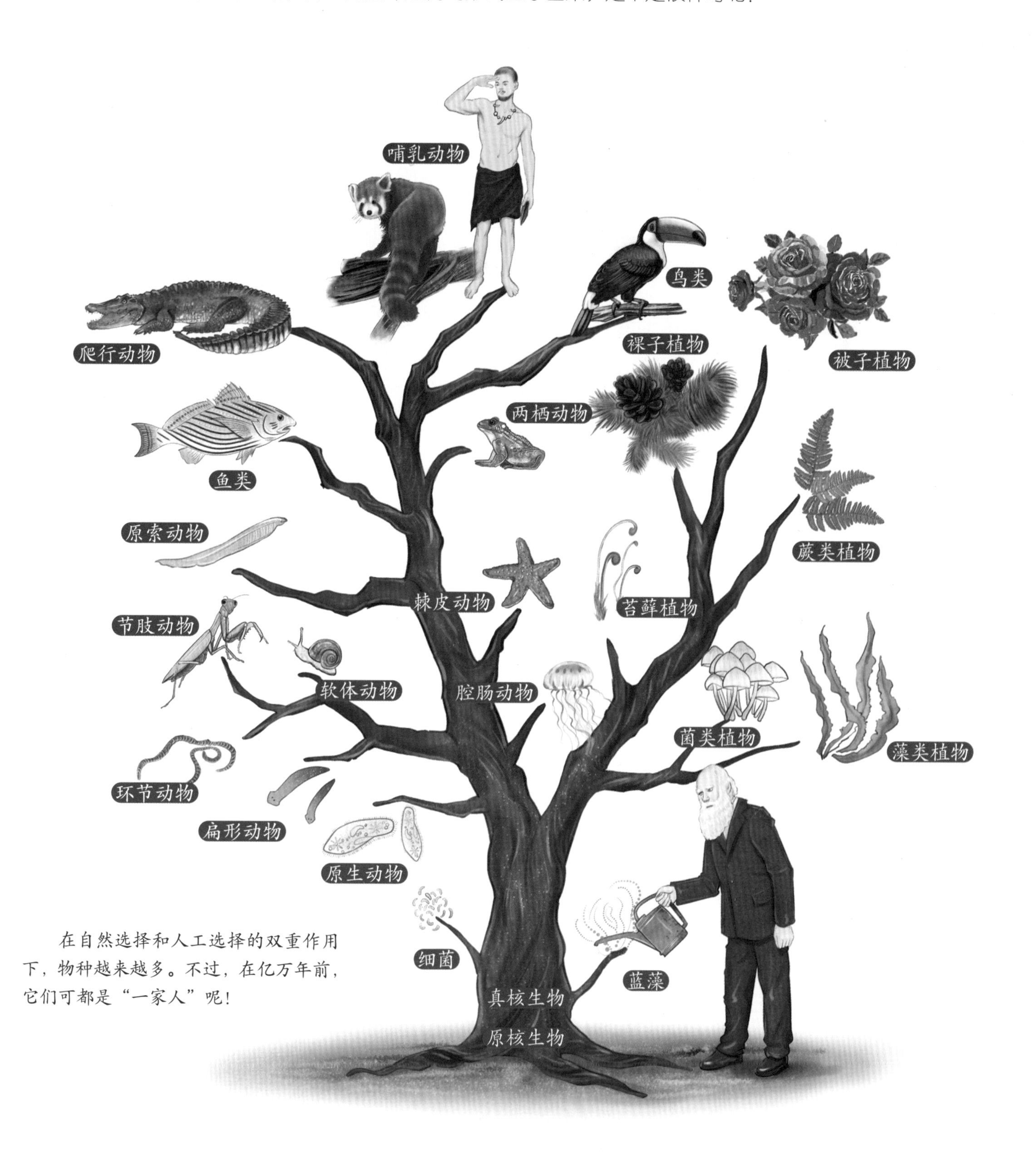

在自然选择和人工选择的双重作用下，物种越来越多。不过，在亿万年前，它们可都是“一家人”呢！

变异的法则

亲爱的小朋友，通过前面的阅读，我们知道了自然界就像一个神奇的魔法师，通过自然选择的“魔法”使生物产生了很多变异，创造了丰富多彩的物种世界。其实，这些“魔法”并不是随心所欲的，而是要念出正确的“咒语”，按照一定的法则才能发挥作用。下面，就让我们一起跟随达尔文看看这些法则吧。

苹果不会开裂，它的种子藏在果肉中。
枫树的果实会自动开裂，就像长出了“翅膀”，带着种子飞翔。

达尔文的无奈

前面我们说过，在家养状态下的生物容易产生变异，而且多种多样，自然界的变异可就没有这么频繁了，而且需要的时间要长得多。那么，引起变异的具体原因有哪些呢？

经过研究，达尔文发现，存在两种能够引起变异的因素，一是生物本身，二是外界环境，前者要比后者更加重要。外界环境的影响可以分为定向性（比如一般来说，越冷的地方动物毛皮越厚）和不定向性，很难确定生物的变异一定和环境有关。

比如，在很多时候，处在不同气候环境中的相同物种出现了相同的变种；有些物种生活在相同的环境中，却出现了不同的变种。达尔文只能无奈地说：“对各种变异所发生的具体原因我们的确毫无所知，但可以肯定的是，所有生物物种都是由少数共同祖先经过长时间的自然选择，一点一点演化而来的。”不过，他的观点在当时引起了极大的轰动，还有很多人嘲笑他是“猴子的兄弟”。

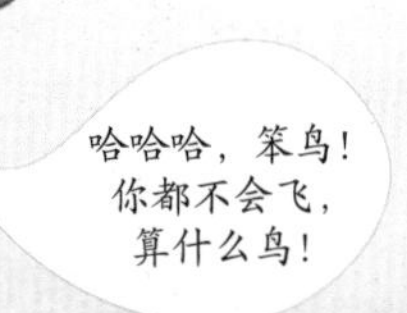

鸵鸟为什么不会飞

不过，虽然上面的问题没有得到解决，达尔文却给出了另一个问题——鸵鸟为什么不会飞——的答案。他认为，鸵鸟的祖先和鸨类一样，只不过，随着时间的推移，它们吃得越来越多，体型变得越来越庞大，因为习惯在陆地上寻找食物，所以脚用得越来越多，翅膀用得越来越少，慢慢失去了飞行能力。这就是我们之前提到过的“用进废退”原则。

鸭子的情况和鸵鸟有些相似，它们的翅膀可以用来在水面上拍打，难以高飞。

人类消失的尾巴

你知道吗？在很久很久以前，我们人类的祖先也是有尾巴的。在人类还是森林古猿时，经常在树上活动，尾巴可以用来固定身体，保持平衡，还能用来当作武器。后来，人类来到地上生活，尾巴的作用越来越小，就慢慢地退化了。

达尔文认为，物种在演化时，自然选择会让它们越来越“节约”。就像我们吃饱了肚子就吃不下一样，生物本身获得的养料是有限的，原来有用的构造，随着生活环境的改变而变得没有什么用处时，自然选择就会让它退化。这样一来，养料就可以用在更有用的地方了。怎么样，是不是很聪明呢？

生活在非洲的土狼，虽然名字里有“狼”字，却是斑鬣狗的近亲。它的个头很小，跑得也不快，注定成不了太厉害的捕食者。为了生存下去，也为了不跟其他动物竞争，土狼选择去吃白蚁。渐渐地，它的舌头变得又细又长，上面沾满黏液，十分适合舔食白蚁，一个晚上就能吃掉 30 万只白蚁。而它的牙齿也因为不食肉逐渐退化了。

黑皮肤和白皮肤

小朋友们有没有思考过一个问题：从炎热的赤道，到寒冷的北极，都有人类的身影，人类为什么能够适应各种气候呢？其实，如果仔细观察就会发现，在不同的生活环境中，人类的外貌也会有很大的区别。

比如，非洲的温度高，太阳总是火辣辣的，紫外线的辐射强度也很高，在不断的演化中，生活在非洲的人就形成了能够阻挡紫外线的黑皮肤；而在寒冷地区，人们的皮肤则比较白，这是因为那里的阳光不足，白皮肤更容易吸收阳光，转化成维生素 D，预防软骨病。

达尔文把这种现象叫作“适应性变异”，这也是自然选择的一种情况，大自然往往会设置一些考验，那些适应性更强的物种往往拥有更广阔的生存空间。

不只是人类，地球上的很多动物和植物都会随着生存环境的变化而发生变异。一些和人类关系密切的动植物，因为有人类帮忙改良品种，适应各种生存环境，分布范围会更加广泛。

变异引起的变异

那么，自然界的所有变异都是由“用进废退”和“自然选择”引起的吗？其实并不是这样，自然界还有另一种变异，达尔文把它称为“相关变异”，生物的各部分在生长和发育期间是彼此紧密相连的，当任何一部分出现轻微的变异时，随着自然选择的积累，其他部分也会产生变异。

在现实生活中，有很多相关变异的现象我们都无法解释，但它们确实存在。例如，毛色纯白的蓝眼睛公猫一般都会耳聋，它们之间有什么关系？

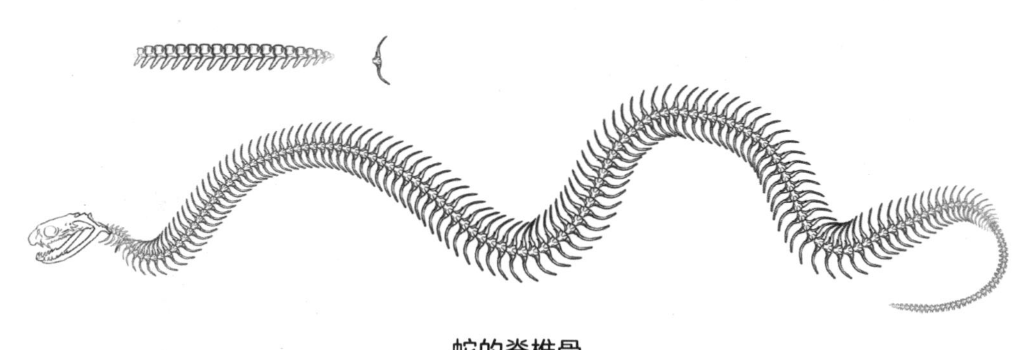

蛇的脊椎骨

容易变异的构造

那么，哪些生物的器官比较容易发生变异呢？达尔文认为：

❶ 退化的器官容易发生高度变异。

❷ 同样的器官，如果重复出现的次数比较多，就容易发生变异，比如蛇的脊椎骨就是一节一节重复扣在一起的，所以容易变异。

❸ 低等生物比高等生物更容易发生变异。

❹ 如果一个器官或者构造有很多用途，就容易发生变异。

❺ 生物身上特别突出的构造也很容易发生变异，比如信鸽的喙与肉垂，扇尾鸽的尾羽等，是区分这两种鸽子与其他鸽子的重要特征。

❻ 在分类上，种级特征比属级特征更容易发生变异。比如，翅脉是土栖蜂类最重要的特征，这一特征在大部分土栖蜂属之间没有出现变化，但在某些属内的各种之间却出现了差异。

信鸽容易发生变异的喙和肉垂

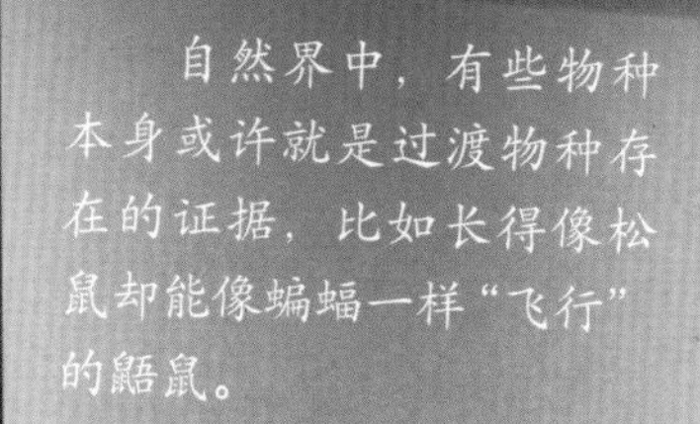

森林中滑翔的鼯鼠

树上的松鼠

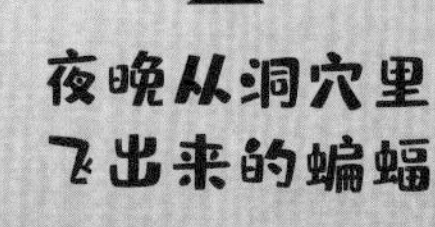

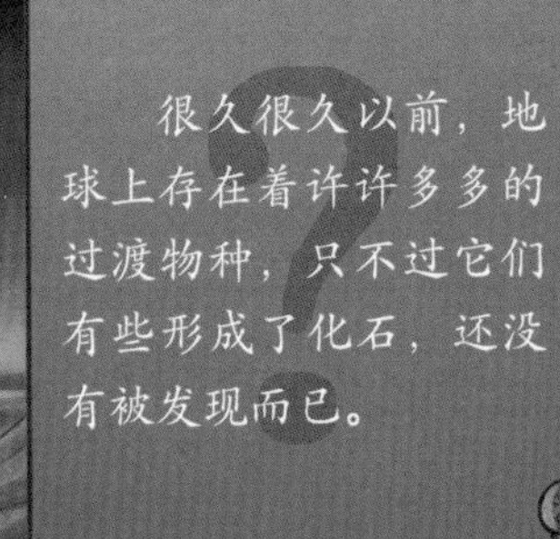

难以寻找的过渡物种

小朋友，你知道吗？我们生活的地球，已经诞生了 40 多亿年，在很久很久以前，地球上的生物可不是现在的样子。根据达尔文的自然进化论，生物演变不是一蹴而就的，而是在一朝一夕中逐渐、缓慢地发生的，因此在不同物种之间，存在着大量的“过渡物种”。本部分，我们就试着迈出找寻“过渡物种”的脚步，一点点探索地球最初的面貌吧！

巴基斯坦古鲸的化石模型

人类形成的过程
数量大的物种会取代稀少物种，导致数量少的物种消失。山区和平原拥有大量羊群，改良的速度比较快，很快就会取代丘陵绵羊的品种。
生活在山上的绵羊
生活在平原上的绵羊
生活在丘陵上的绵羊
巴基斯坦古鲸是最古老的鲸类，有5000万年的历史，它们像狼一样，有四条腿，有一条细长的尾巴，身上还有毛。
巴基斯坦古鲸复原模型

四个难题

亲爱的小朋友，这本书看到这里，你是否积攒了很多疑惑？其实，不只是大家，达尔文也有很多疑惑，在这些疑惑中，他总结了四个难题。

在本部分，我们将一起讨论前两个难题。

据科学家测算，蜜蜂的巢穴非常工整，组成蜂巢底盘的菱形所有钝角都是109° 28′，所有锐角都是70° 32′。有趣的是，如果要用最少的材料制成容量最大的菱形空间，正好就是这个角度。

109° 28′

70° 32′

❶ 如果现存物种是由其他物种慢慢演化而来的，那么为什么没有看到大量的过渡物种呢？就像我们平时看到的那样，物种之间的区别非常明显，鸟有翅膀，鱼有鳍，而野兽通常都长着四足。那么，造成物种之间区别如此明显的原因又是什么呢？

❷ 所有的器官都是自然选择产生的吗？为什么它既“生产”了很多不那么重要的器官，如长颈鹿用来驱赶蚊蝇的尾巴；又“生产”了很多十分精妙而复杂的器官，比如我们的眼睛呢？

❸ 本能是否能够从自然选择中获得？自然选择能否改变它？比如蜜蜂建造蜂巢的本能。

❹ 为什么不同物种杂交不育或者其产生的后代不育的情况很常见，而相同物种的变种杂交所产生的后代却有正常的生育能力呢？

证据在哪里？

就像我们前面说的，如果达尔文的物种起源理论正确，物种在自然选择中经过缓慢变异，最后形成新的物种，那么我们应该能够看到各种各样的过渡物种。实际上，这些过渡物种却很难寻找，这是为什么呢？

提塔利克鱼 第一批到陆地上生活的鱼类，它和前面提到的**始祖鸟**都是过渡物种的代表。在提塔利克鱼身上可以同时发现鱼类和两栖类动物的特征。

自然选择的作用使得生物具有一种倾向——代替并消灭比自己改进较少的亲种，以及与它竞争生存机会的其他类型，因此灭绝和自然选择是同时进行的。所以，在一般情况下，物种的亲种和所有变种，都会在生物的形成和完善的过程中被消灭。

那么，这些已经灭绝的过渡物种去了哪里呢？达尔文认为，无数的过渡物种肯定存在过，因为自然选择具有使亲种和过渡物种灭绝的倾向，所以能证明它们曾经存在的就只有化石，而这些化石的保存是不完全且断断续续的，只有少数过渡物种能侥幸成为化石保存下来，它们也许都被深埋在地下，还没被发现。

“滑翔”的飞鱼

在碧波万里的蓝色海洋中，生活着一群会“飞”的鱼。它们能够在水中快速游动，也能够跃出水面，张开像翅膀一样的大鳍，尾巴快速拍击水面，接着腾空而起，在海面上“飞行”。强壮的飞鱼每次最长能够“飞行”180米。不过，它们并不会真正像鸟那样地飞行，而是滑翔。

类似的例子还有很多，比如会滑翔的鼯鼠、前肢可以在水里当鳍使用的企鹅、可以潜水的甲虫，这些有特殊构造的生物几乎随处可见。

虽然在达尔文的时代，没有很多过渡生物的化石能够证明他的理论，不过，这些特殊的生物给了达尔文灵感：“飞鱼也可能演变为翅膀完善的飞行动物。”或者说，这些生物本身就是过渡物种存在的证明。

飞鱼

神奇的眼睛

在人身体的所有器官中，眼睛绝对算是最神奇的：它可以根据不同的距离调焦，可以接纳强度不同的光线，还可以校正球面和色彩的偏差，这样精巧的结构简直称得上巧夺天工，很难相信这也是自然选择“造就”的产物。

不过，达尔文认为，眼睛也是在漫长的时间中一步一步演化而来的。就像现在可以观察太空的望远镜，一开始它们也只能放大几十倍而已。在很久之前，眼睛只是最简单的器官——就像有些低等生物的眼睛一样——由一根被色素细胞围绕，被一层半透明皮膜覆盖的感光神经所组成，没有晶状体或其他折光体，这种原始的眼睛只能集中光线。

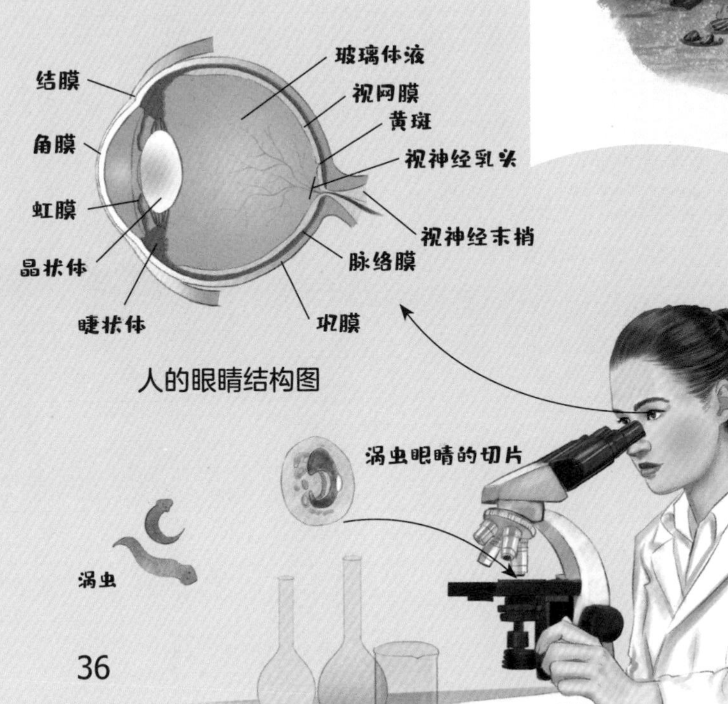

人的眼睛结构图

自然界没有飞跃

达尔文经过观察研究发现：彼此之间稍微有差异的两个物种在变异时，它们的变异性质是不会完全相同的，就算是为了同样的目的，在自然选择的作用下，所得到的结果也不会是相同的。

另外，所有高度发达的生物都经历过多种变异，而且每次变异后的构造都有遗传倾向，因此每种变异都不会轻易消失，只会越来越深化。无论物种的构造出于什么目的，都是遗传变异的综合产物，是为了适应新的生活环境而不断变化所得到的。

虽然让我们猜测各种器官是经过怎样的过渡才达到了今天的状态是非常困难的事情，但就像我们前面所说的眼睛的演化过程一样，**自然选择只是通过细微的、连续的变异而发生作用，以短暂的、缓慢的脚步前进。**正如布封在《自然史》中说的那样：“自然界没有飞跃。”

电鳗

会放电的电鳗和电鳐

电鳗的体内有一套发电器官，捕猎时会释放电流攻击猎物。巧的是电鳐也有这种“超能力”，然而电鳐和电鳗的亲缘关系很远，放电器官的位置和构造也不同。它们的发电器官不是来自共同祖先的遗传，而是自然选择过程中独立演化的结果。

电鳐

花朵是自然界中最美的事物之一，它们之所以绚丽多彩，是为了吸引昆虫传播花粉，更好地生存和繁衍；成熟的草莓和樱桃变得漂亮又可口，它们的这种甜美，也是为了招引鸟兽吞食，让它们把种子带向更远的地方。自然选择而造就的美完全是各种生物为了自身利益而进行的改变。

“爱美”的动植物

在达尔文生活的时代，人们认为动植物之所以长得美丽，都是为了取悦人类。不过，达尔文却对这种观点嗤之以鼻。他认为，如果美的生物是为了供人欣赏才被创造出来，那么在人类出现之前，地球上就存在的那些美丽的生物又怎么解释呢？

在人类出现之前，地球上就生活着很多美丽的生物，如螺旋状和圆锥状的贝类、有精致刻纹的菊石、有微小硅质壳的硅藻等。这些美丽的生物的存在充分说明，早在人类出现以前，物种就十分多彩。而我们现在看到的物种跟它们的祖先有了很大的差别，中间一定存在着大量的过渡物种，但这些改变又有多少是为了取悦人类呢？

世界上，很多生物都有不用学习天生就会的本领，叫作生物本能。比如，蜘蛛天生就会织网。

大部分鸟类天生就会筑巢。

动物的本能都是由自然选择形成的，并且十分“顽固”。

牧羊犬在没有羊群的时候也会绕着圈跑，像是在守卫羊群一样。

后天形成的本能也可以遗传。比如，经过长时间的驯养，家兔已经成为最容易驯服的动物，而不是赛跑冠军。

神奇的生物本能

亲爱的小朋友们，你还记得吗？达尔文提出了四个难题，其中，第一个难题“难以寻找的过渡物种”和第二个难题“复杂器官的演化”我们在前面已经解决了。接下来，我们要解决第三个难题：类似于蜜蜂筑巢这样的生物本能也源于自然选择吗？下面，请小朋友们开动脑筋，和达尔文一起思考这个问题。

什么是生物本能？

婴儿为什么刚生下来就知道吃奶？蜜蜂为什么天生就会筑巢？蜘蛛为什么天生就会织网？**生物这种天生就有的，不学就会的能力就是本能**，它普遍存在于所有生物的体内。不过，我们要把本能和天赋区分开来，莫扎特三岁就会弹钢琴，这并不是本能，而是在天赋的基础上不断练习的结果。

那么，本能也是通过自然选择产生的吗？

为了证明这一点，达尔文讲了两个很有意思的现象：在英国，大型鸟类总是比小型鸟类更怕人，因为它们更容易受到人类的伤害，可是，在人迹罕至的荒岛上，大型鸟和小型鸟对人类的害怕程度是一样的；英国的喜鹊十分警惕人类，挪威的喜鹊却和人类相处得很好。

上面这些例子都能够证明：**同一物种，如果生活在不同的环境中，它们的生物本能也会有所区别。**换句话说，某一物种的本能不是通用的，而是随环境改变的。

就像我们上面说的，本能是为自身服务的，如果环境发生了变化，本能也会出现变异，因为有人类的选择和干预，这点在家养动物的身上表现得更加明显。

奇怪的猫咪

猫咪最大的“爱好”就是抓老鼠，在很多地方，这已经成为人们的一种固定印象。

> 达尔文有个叫圣约翰的朋友，喜欢观察猫的习性，他曾经注意到一些有意思的猫：有的喜欢猎鸟，有的喜欢捕捉兔子，还有的甚至经常像猎人一样到沼泽游猎，捕捉丘鹬和沙锥！

达尔文认为，这些猫的行为也是会遗传的，就像狗的衔物习性一样。虽然狗们的祖先是狼，但是，经过上万年的驯化，对人类的亲昵早就成为狗的本能。

游走于沼泽间、酷爱捉丘鹬和沙锥的怪猫。

接下来，我们将通过三种十分有趣的动物本能，来更好地认识自然选择是如何在本能形成过程中发挥作用的。

“迷路”的杜鹃

在自然界中，有很多动物是不会建巢的，其中最有名的就是杜鹃了，它们会把卵产在其他鸟类的巢穴中，当然，杜鹃妈妈会挑选那些卵的颜色和自己的卵比较接近的鸟类，比如大苇莺。

因为杜鹃的孵化时间比较短，所以杜鹃幼鸟的体型也就比较大，等巢穴真正的“小主人”出生后，它还会把那些“兄弟”挤出巢穴，让它们摔死或者饿死，这样一来，小杜鹃就能独自享受美食了。

杜鹃为什么会形成这样的本能呢？达尔文认为，这很有可能是由杜鹃妈妈的一次“迷路”造成的。它发现把卵产在其他鸟的巢穴中，抚育幼鸟的任务就可以让其他鸟代为完成。时间一长，“托卵”这种对杜鹃有利的行为经过不断强化和遗传，就成了杜鹃的本能。

红蚁和它们的奴隶

第二个有趣的本能是由一位叫休伯的学者在红蚁身上发现的，这些蚂蚁完全依赖“奴隶”生活，达尔文甚至感叹：“要是没有‘奴隶’的帮助，这个物种在一年之内就会灭绝。”

在红蚁群中，雄蚁和可以生育的蚁后什么都不用做，不能生育的雌蚁充当工蚁的角色，不过，它们的职责可不是筑巢，而是抓捕“奴隶”。作为“奴隶”的黑蚁不仅要建造巢穴，还要负责觅食、哺育幼虫，甚至在“搬家”时，还要用颚抬着主人们长途跋涉，实在非常辛苦。

超级建筑师

第三个有趣的本能，来自我们曾经提到过的，大自然中的天才“建筑师”——小蜜蜂。别看它们个头小，筑巢的本领却是独一无二的。绝大部分蜜蜂的巢穴都是由一个又一个连在一起的六角柱状体组成的，蜜蜂们总是能够用最少的蜡质建造出容量最大的巢穴，其精确程度就连数学家也感到震惊。

蜜蜂这种神奇的本能是怎样形成的呢？达尔文认为，其中的秘密都藏在珍贵的蜡质中。蜡质是蜜蜂筑巢时的主要材料，而蜡质是从蜂蜜中获取的；同时，储备大量的蜂蜜，是维持一大群蜜蜂越冬所不可缺少的。

在自然界中，蜜蜂的家族越庞大，蜂群就越安全。所以，蜂蜜的多少关系到整个种族的发展壮大，而蜜蜂要做的事，除了辛勤采蜜，就是在筑巢时尽可能少地使用蜡质，并且保证最大的空间。随着时间的推移，能够营造最好蜂巢的蜜蜂家族存活了下来，并且把这种本能遗传给了后代，这才有了现在令我们叹为观止的蜂巢。

不育的工蚁

经过前面的阅读，相信大家已经对本能的产生有了基本的认识。可是，还有个问题让达尔文十分不解：在蚂蚁的家族中，为什么会有无法生育的雌性呢？

按照达尔文的理论，生物本能总是向着对自身有利的方向发展，不育显然对雌性蚂蚁没有任何好处，这种本能又是怎样产生的呢？

由于当时认识的局限性，达尔文并没有找到答案。不过，现代科学已经给出了解释：工蚁受到蚁后信息素的干扰，失去了产卵能力。蚂蚁的社会类似人类社会，需要明确的分工与合作才能使整个族群不断壮大。所以，蚁后的这种本能也是自然选择的结果。

狮虎兽

不同物种杂交生育的后代叫作杂种。比如狮子和老虎交配生出的狮虎兽。

骡子

驴和马有共同的起源，交配可产生种间杂种——骡子。骡子集合了马和驴的优点，具有驴的耐性和马的力量，遗憾的是骡子没有生殖能力。

德国牧羊犬

德国牧羊犬是大丹犬和马士提夫犬的后代。它是同一物种的不同变种杂交的后代，叫作混种。混种的生育能力要比杂种强得多。

无论是家养生物还是生活在大自然中的生物，都存在着杂交现象。

杂种的不育问题曾经长期困扰着达尔文和当时的其他学者，令他们十分头疼。不过，现在这个问题已经被完美解答了，原来是DNA在作怪。

杂交现象

亲爱的小朋友，在开始阅读这部分之前，让我们先来回顾一下前文中提出的四个问题：为什么没有大量过渡物种？生物的器官都是自然选择的产物吗？本能来自哪里？杂交的物种为什么大多不育？前三个问题我们已经有所了解了，现在，请大家开动脑筋，和达尔文一起来解决第四个问题吧。

怪物世界

《山海经》中有座柢山，山上生活着一种叫作鯥的怪物，样子和叫声像牛一样，却长着蛇的尾巴，肋下还生着一对翅膀。这样子是不是很像被奥特曼追着打的小怪兽呢？

它看来很像牛、蛇和鸟杂交生育的品种。亲爱的小朋友，请你开动脑筋想一想，如果自然界的生物可以自由杂交，那么，像鯥这样的怪物不就随处可见了吗？这样一来，我们的地球也就成了怪物世界。

可是，就像我们之前说过的那样，物种之间都有生殖隔离，大自然中不会有长着牛头的狮子，也不会有长着翅膀的飞马，即使有些动物可以在人工干预下杂交生育，它们的后代一般也是无法生育的。

为什么杂交会出现不育呢？这个问题令达尔文头疼不已，尽管当时的他搞不清杂交不育的原因，但还是找到了很多规律。

“四不像”的骡子

在介绍枯燥的理论之前，请小朋友先来猜一个有趣的谜语：毛光鬃齐长得胖，拉车驮运上战场。一生不育儿和女，不像爹来不像娘。怎么样，猜出来了吗？对，它就是骡子。

在动物界，骡子是最有名的杂交代表之一，也是达尔文发现的第一个规律：通常情况下，不同物种之间的杂交不会生育后代，但这并不是绝对的，有些也能产生杂种，但是杂种一般没有生育能力。

马和驴为什么可以杂交生育骡子呢？这是因为马和驴的亲缘关系比较近，而且都经过人类长期饲养，生长环境相似，加上人类的干预，这才有了骡子。

> 骡子是驴和马杂交产生的后代。公驴和母马生育的叫马骡，它们的体型和性格更加像马，体型比较大，耐力也更强；公马与母驴杂交生育的叫驴骡。我们一般说的骡子都是马骡。

奇葩的毛蕊花属

这里需要纠正一个误区，即“种间难以杂交”和“产生的杂种难以生育”这两个概念常常被混为一谈。人们常认为这两种情况一定同时发生，但事实并不是如此。

由于很少有动物在圈养的环境中能正常杂交繁殖，所以，就从植物的实验来厘清两者的关系吧！

就拿毛蕊花属举例吧：两个纯粹物种的杂交十分容易，并且可以产生大量的杂种后代，然而这些杂种是无法生育的。与此相反，有些物种很少能够杂交，或者很难杂交，但是一旦杂交，杂种却可以生育，甚至同一属内的植物中，这两种情况都存在，如石竹属。

神奇的“墙”

不同的物种为什么难以杂交，而且就算可以杂交，产生的杂种也常常不育呢？达尔文时代的博物学家们认为，这种不育的特性是为了防止物种自由交配，以阻止物种间出现混杂。

不过，难道真的如他们所说，地球上有无数看不见的“墙”，作为不同物种之间的界限吗？达尔文可不这样认为，他的观点是：初始杂交的不育性是由胚胎的早期死亡引起的，而杂种子代的不育性则是因为它们由两种不同的生物类型组成，这打乱了原本的体制组成。

而且，这种不育性不是通过自然选择获得的，因为这对生物本身来说没有什么好处。至于更详细的原因，由于当时技术的限制，达尔文只能无奈地表示：这“受若干奇妙而复杂的规律所支配”。

可爱的混种犬

前面说的是不同物种的杂交，接下来，让我们一起看看同一物种不同变种的杂交情况。在家养状态下，由于人类的刻意选择，这种情况十分普遍。

同一物种的不同变种杂交所产生的后代叫作混种，混种一般都可以生育，但是，这种可育程度是有差异的，有时也会有不育的情况，与父母的外貌是否相似没有太大的关系。至于其中的规律，成为另一个让达尔文头疼的问题。

最常见的混种就是家里养的狗。将两种不同品种的狗结合在一起，是一件结果需要看运气的事。运气好的话生出的孩子会兼备二者的优点，长相非常可爱，体格也可能会更加强壮，而且，与父母相比，它们是独特的存在。

不过，与亲种相比，混种出现缺陷的概率会更高。吉娃娃和腊肠犬生下的宝宝就容易出现关节疾病。

吉娃娃和腊肠犬生出来的幸运宝宝，长相非常可爱。

杂种与混种

物种杂交的后代与变种杂交的后代，除在可育程度上有区别外，还有哪些不同呢？经过观察，达尔文发现：在第一代中，混种比杂种更不稳定。比如，长期栽培的植物杂交所产生的杂种，在第一代就常常发生变异。不过，在混种和杂种繁殖几代之后，变异量都非常大。

其实，混种的变异程度比杂种大，这点也丝毫不用惊奇，因为混种的双亲都是变种，而且还会继续变异下去。与混种不同，杂种在第一代的变异量是很小的。

与达尔文同时代的很多植物学家和动物学家都注意到了这个现象，并且努力寻找其中的规律。不过，不同的人却得出了不同的结论，很少有人能够说服对方。在达尔文看来，混种和杂种最大的相似之处集中在突然出现的畸形上，而且与那些通过自然选择获得的性状没有关系。

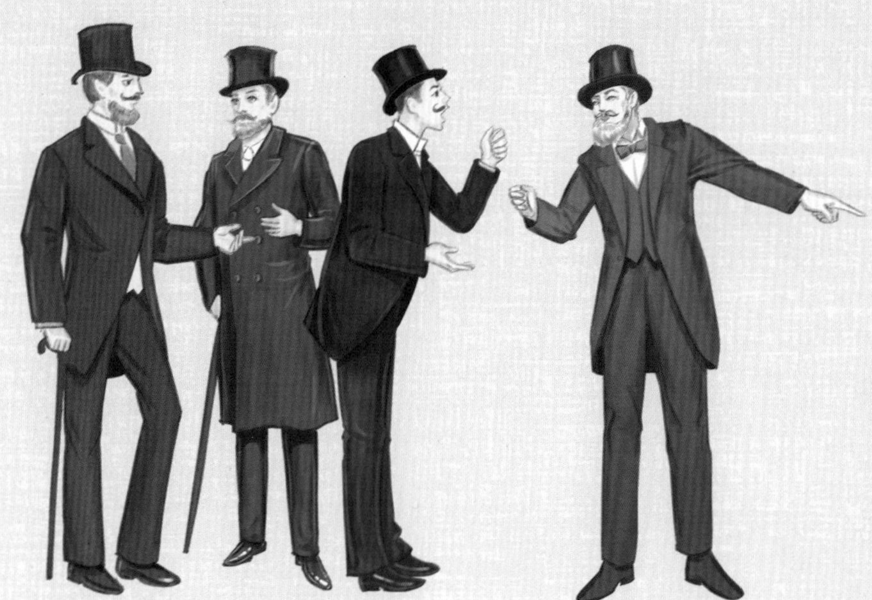

达尔文一生都在努力证明自己的理论，虽然受到了很多非议和嘲笑，他仍然对自己充满信心。亲爱的小朋友，达尔文的经历告诉我们，千万不要因为别人的反对和嘲笑而放弃正确的事。

神秘的基因

受条件限制，虽努力一生，达尔文还是无法准确地知道关于杂交问题的所有答案。不过，经过不断努力，科学家终于破解了其中的秘密，原来，问题的关键都在基因上。

基因是带有遗传信息的 DNA 片段，它就像藏在身体里的“魔法师”一样，能够忠实地复制自己，以保持生物的基本特征。在繁衍后代时，基因有时候会发生突变，导致后代的基因组出现缺陷。

不同物种的基因序列和结构都不相同，所以，不同物种的杂交十分困难，而对于相同物种的不同变种却要轻松不少。

让我们再用基因的知识看看马和驴为什么能够杂交：马和驴都属于马科，它们的 DNA 高度相似，而它们生下的骡子却因为有基因缺陷，染色体无法正常配对，所以高度不育。

会“说话”的岩层

亲爱的小朋友，你还记得吗？在前面的部分，达尔文曾经说过，生物的过渡物种难以寻找，因为它们都变成了化石，藏在很深很深的岩层中。可是，你知道吗？生物要变成化石也需要经历“九九八十一难”，所以数量十分稀少。我们脚下的岩层虽然静止不动，但是，对于古生物学家来说，它就像一个会“说话”的记录者，用“密码”记录了绚丽多彩的生物发展历史。现在，就让我们一起跟随达尔文的脚步，破译这些神奇的“密码”吧。

这些问题，共同导致了地层中古生物化石不仅难以发现，而且记录很不完整，也再次给达尔文出了一道天大的难题。不过，他不仅没有放弃自己的理论，反而加倍努力寻找证据。

缓慢的变异

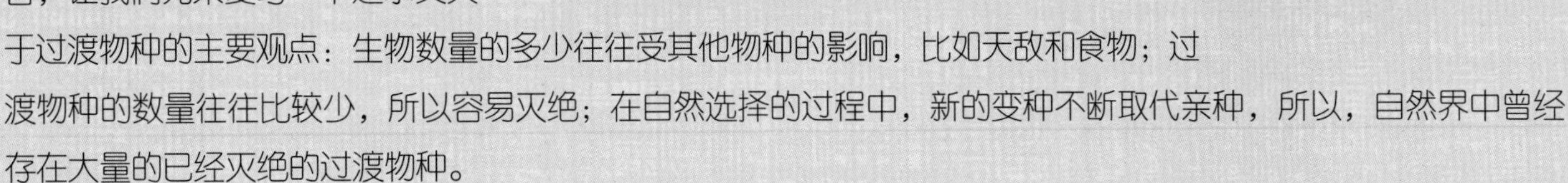

为了更好地理解本部分的内容，让我们先来复习一下达尔文关于过渡物种的主要观点：生物数量的多少往往受其他物种的影响，比如天敌和食物；过渡物种的数量往往比较少，所以容易灭绝；在自然选择的过程中，新的变种不断取代亲种，所以，自然界中曾经存在大量的已经灭绝的过渡物种。

看到这里，很多小朋友在观察两个不同的物种时，可能会自然地联想到它们之间是否存在某个过渡物。这种想法其实并不完全正确。

只要回想一下达尔文的理论就会发现，生物的变异是缓慢发生的，要经历很长时间，两个物种之间可能存在着无数的变种。所以，我们要建立起一个连续不断的、差异极小的递变系列。

但是，关于“无数变种”的理论，在当时只是一种推测，也就是说，如果不能从地质学上找到有力的证据，证明这些变种的真实存在，那么，达尔文的学说将会被全部否定。这真是个十分严重的问题，更加严重的是，在达尔文时代，人们确实没有发现这些证据，虽然它们确实存在。

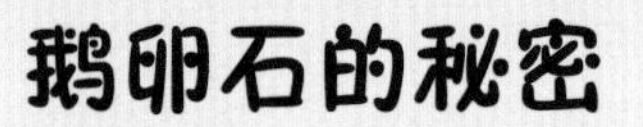

鹅卵石的秘密

海浪冲刷海岸底部的陆地，掉落几块岩石。

除了上面所说的问题，另一个问题也成为反对达尔文的主要武器：按照自然选择的观点，生物演化需要十分漫长的时间，地球有没有存在这么长的时间呢？虽然现在我们已经知道了这个问题的答案——地球已经存在了46亿年，不过，对达尔文来说，这确实是个未知的难题。

小朋友们有没有见过鹅卵石呢？别看它样子十分普通，里面其实藏着大秘密。当我们沿着海岸线漫步时就会发现，海浪夹杂着岩石、沙砾和贝壳一波一波冲向岸边。浪潮对海岸有侵蚀作用，海岸底部的石块会掉落下来，经过水流冲刷和石块间碰撞，一点点磨成光滑的鹅卵石，最后变成泥沙。想象一下，一块鹅卵石的出现需要多么漫长的时间！

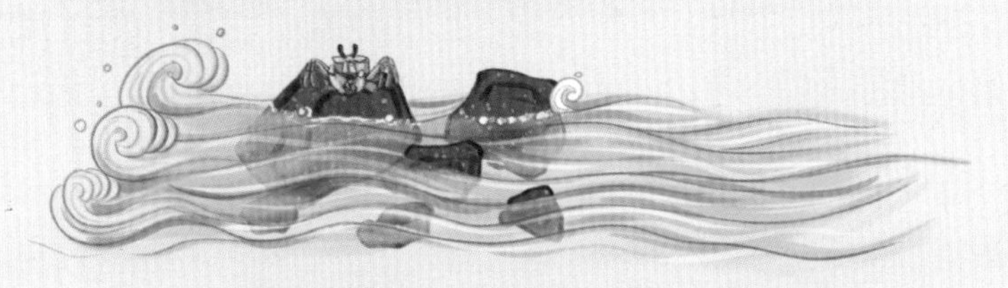

石块互相摩擦以及水流打磨，一些碎掉变成了沙砾，留下质地比较坚硬的石英石。

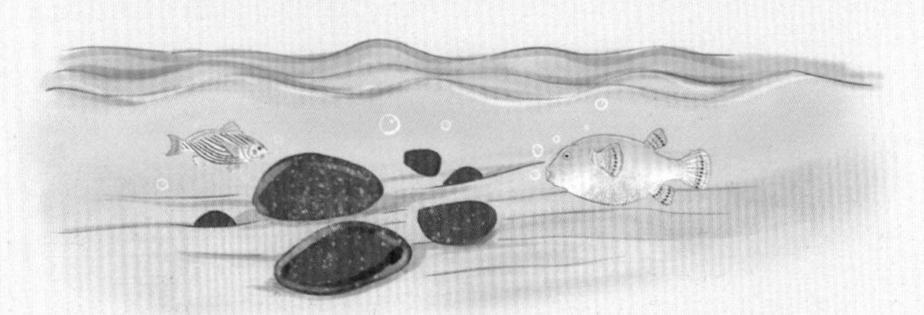

石块表面变得光滑，就是我们看到的鹅卵石。

难以保存的证据

不过，即使解决了时间问题，另一道难题又摆在了达尔文面前：生物标本很难保存下来。看完下面这段内容，你就会明白，一个生物要变成化石是多么不容易的一件事情。

1. 没有骨骼、贝壳构造的软躯体生物都不能被保存下来。
2. 有骨骼和贝壳的生物，如果落到海底之后没有被沉积物掩埋的话，就会腐烂而消失。
3. 生物的遗体就算被沙砾掩埋，也常会在地层上升之后，因含有碳酸的雨水渗透而被溶解消失。
4. 生存在海边潮间带（大潮期最高潮位和最低潮位之间的地带）的各种生物，退潮时容易暴露出来，一般也难以保存下来。
5. 生活在陆地上的动植物死亡之后，如果不是立刻被冲入水中，再被泥沙覆盖的话，很快就会腐烂。

对于这道难题，达尔文只能哀叹：“被保存下来的哺乳动物化石，是多么偶然，多么稀少啊！”

类似的情况在地表同样存在，叫作风化作用。在风化作用下，破碎的物质被流水和风带走并且沉积下来，形成覆盖在地表的岩层，因为形成的时间不同，所以，藏在岩层里的岩石和化石就像一本没有文字的书，记录了地球的历史。当时的地质学家已经证明，这些岩层的形成，至少要用百万年作为单位，而地球的真实年龄说不定远大于此！

不完整的密码

那么，当我们的“幸运之星”产生后，只要把它们挖掘出来，就可以证明达尔文的理论了吗？

当然不是，达尔文的难题还远远没有解决，因为破译古生物的“密码”不仅很难寻找，而且还是残破不全的。

地表会因为风化、水流等作用，形成厚厚的沉积岩层，不过，岩层的形成需要经历漫长的时间。在海洋中，河流携带泥沙汇入时，会带来足够的沉积物；而在陆地上，水流和风向的季节性，决定了这些沉积物的形成时间会出现间断。

这些沉积物形成沉积层后，还要抵抗海浪和河流的侵蚀、风化作用以及不间断发生的地质运动，最终导致了地质记录的不完整性。

突然出现的整群物种

在达尔文生活的时代，即使在收藏最丰富的博物馆，人们能够看到的古生物化石也少得可怜。可在某些地层中，却又有整群的物种化石突然出现，当时很多人用这个事实来质疑达尔文。

按照达尔文的演化理论，生物的演化必然要经历一个十分漫长的过程，某个物种的祖先一定是在后代出现之前出现。如果找不到这个物种的祖先和它演化的痕迹，达尔文的理论就不能成立了。

达尔文则认为，出现这种情况的地层和整个地层比起来，只是很小的一部分，不具备代表性。因为生存环境的变化，大部分物种都经历过长途迁移，在某处突然发现的生物，可能在其他地方已经经历了漫长的演化过程。还有一个重要的原因，地层的形成并不是连续不断的，两个地层之间的间隔时期十分漫长，足够使一个亲种形成很多变种，而它们有可能分布到不同时期的地层中。

死亡

腐烂

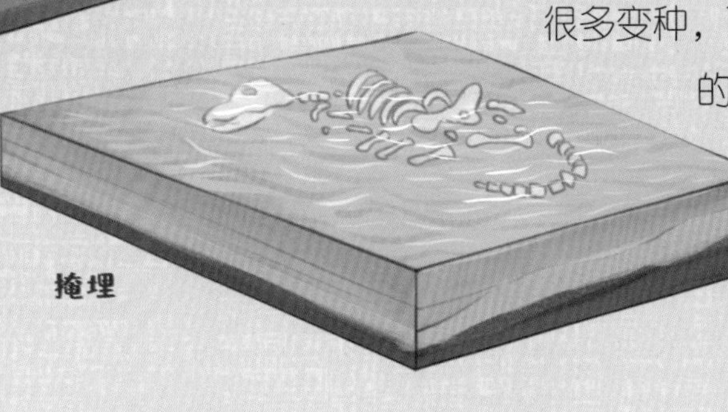

地壳运动

“幸运之星”恐龙化石诞生记

地质时代

随着古生物学和其他学科的发展，一百多年来，越来越多的古生物化石被发现，达尔文的理论也不断被证实。虽然我们仍然无法找到某类生物演化过程中的所有化石。但是，化石的记录告诉我们，地层的“年龄”越大，其中埋藏的生物化石与现代生物的差别越大；相反，地层的“年龄”越小，其中的生物化石与现代生物的差别就越小。这足以证明，生物的确是在不断演化的。

现代地质学将年代分为太古代、元古代、古生代、中生代和新生代，每个地质时代对应的生物都有所不同。随着时间的推移，地球上的生物经历了从无到有、从低级到高级的演化过程，直到大约 25 万年前，人类的祖先——早期智人才出现在地球上，与地球这位年龄高达 46 亿年的“母亲”相比，我们人类是多么的幼小啊！

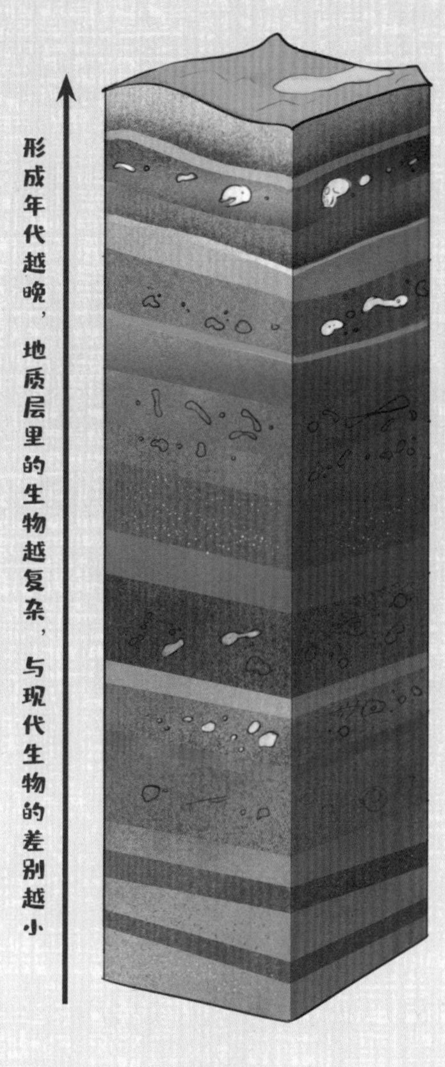

不同地质年代的地层

人类时代 代表：人类

哺乳动物时代 代表：猛犸象

爬行动物时代 代表：剑龙

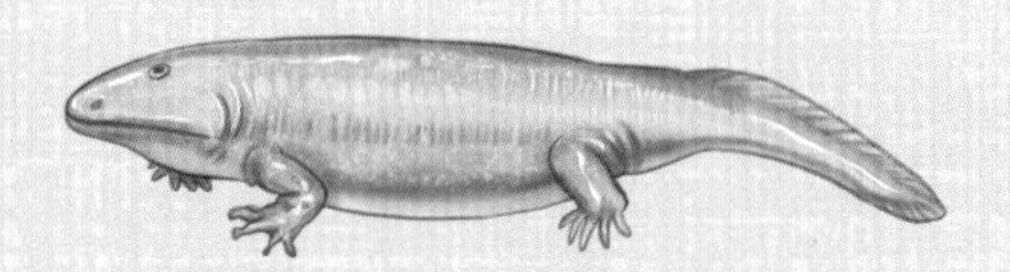

两栖动物时代 代表：鱼石螈

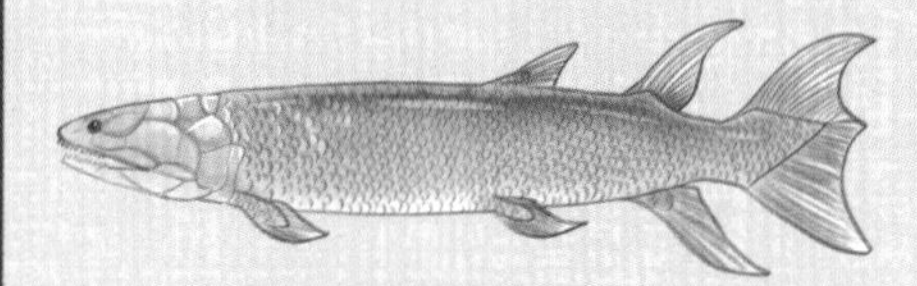

鱼类时代 代表：含肺鱼

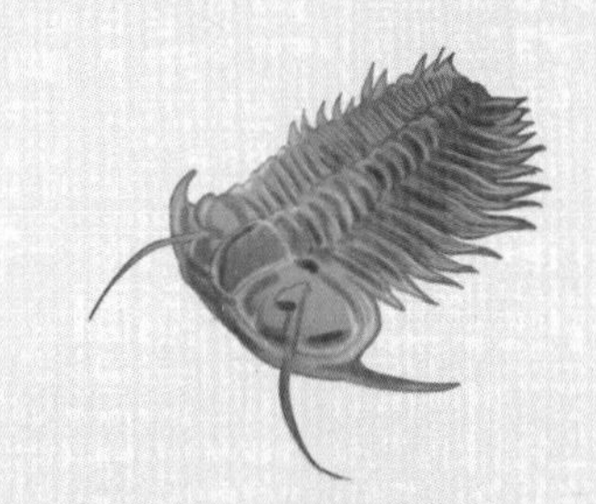

海生无脊椎动物时代 代表：三叶虫

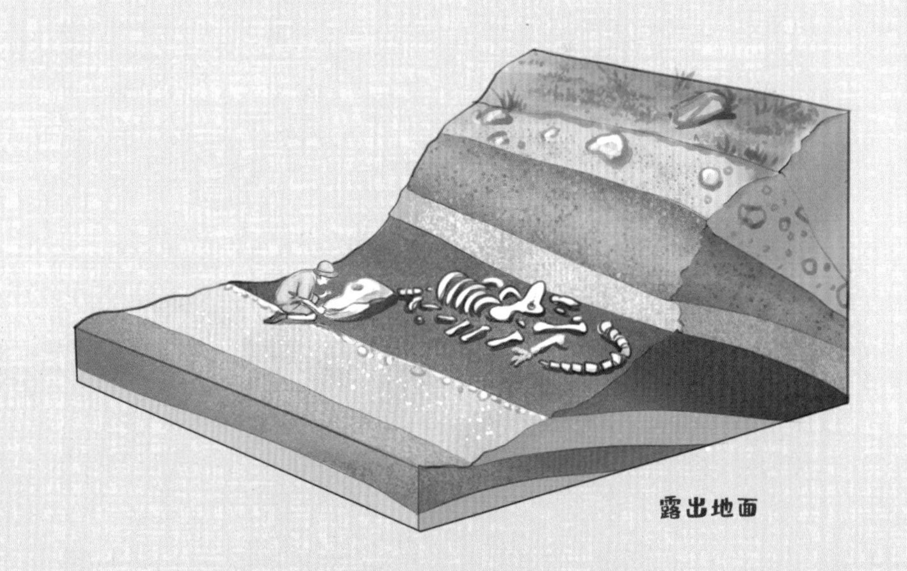

露出地面

达尔文的时光机，带我们一起回到6500万年前……

地球上发生了一场浩劫，一颗直径约10千米的陨星撞击了地球。巨大的撞击引发了地震、火山喷发和海啸等灾害，大量灰尘进入大气层，减弱了植物的光合作用，地球的环境急剧变化。这次事件导致了非鸟恐龙等爬行动物的灭绝，小小的菊石也没能逃过。

地球上“消失”的古老生物

亲爱的小朋友，在前面，我们跟着达尔文的脚步一起“破译”了藏在古代生物化石中的“密码”，还用过渡物种的化石证明了自然选择理论的正确性，并且简单了解了地质时代。那么，你知道这些古老的生物是怎么灭绝的吗？我们现在看到的生物和它们又有什么关系呢？接下来，让我们一起去看看答案吧。

恐龙去哪儿了？

在很久很久以前，地球上存在着很多庞然大物——恐龙。可是，现在除了能在博物馆看到恐龙化石，根本无法在地球上看到恐龙的身影，因为它们已经灭绝了。

恐龙为什么会灭绝呢？难道是因为它们体型太大了？一起来听听生物学家们怎么说吧！

恐龙生活在距今大约 2.4 亿年至 6500 万年前，统治地球长达 1.6 亿年之久，它们巨大的体型和健壮的身体都成为争夺“霸权”的有力武器。可是，巨大的身体也意味着需要超多的食物，不管是食肉的还是食草的恐龙，一旦地球的生态环境发生变化，不能再提供足够的食物，它们就面临饿死的危险。虽然恐龙灭绝的直接原因现在还是个谜，不过，可以肯定的是，恐龙消失的秘密就埋藏在我们脚下的泥土当中。

第一次生物大灭绝

距今约 4.4 亿年前的奥陶纪末期，当时约有 85% 的物种灭绝。

第二次生物大灭绝

距今约 3.65 亿年前的泥盆纪后期，当时 75% 的生物灭绝，海洋生物遭到重创。

第三次生物大灭绝

距今约 2.5 亿年前的二叠纪末期，当时 90% 的海洋生物和 70% 的陆地脊椎动物灭绝，曾遍布地球的三叶虫也在这次事件中灭绝。

第四次生物大灭绝

距今约 1.85 亿年前的三叠纪末期，当时 80% 的爬行动物灭绝，凶猛的狂齿鳄也灭绝了。

第五次生物大灭绝

距今约6500万年前的白垩纪末期，统治地球达 1.6 亿年的恐龙灭绝。

恐龙原来并不孤独

其实，恐龙虽然是当时的地球“霸主”，但那个时代也生活着无数其他生物，比如生活在陆地上的北美负鼠、真贼兽；生活在海洋中的皱鳃鲨、鹦鹉螺，还有被称为“活化石”的海豆芽等。不过，这些生物大部分都随着恐龙一起灭绝了。

在“恐龙大灭绝”事件中，约 75%～80% 的生物遭遇了灭顶之灾，只有极少数幸存。而这次发生在 6500 万年前的大事件，只是地球漫长历史中的一瞬而已，被称为“第五次生物大灭绝”。

鹦鹉螺

早在距今 5 亿多年前的奥陶纪就生存在地球上的鹦鹉螺，经历了五次生物大灭绝，是最顽强的幸存者。

物种有寿命吗？

我们都知道，自然选择的过程极其缓慢，旧物种的灭绝和新物种的产生必然经历了十分漫长的变异过程。所以，物种一般都是一个个逐渐灭绝的，而且经历了从一个地点到另一个地点，最后到全世界的过程——除非出现海岛下沉或地峡断裂等特殊情况。

无论是单一的物种，还是成群的物种，它们的存在时间都是不同的，某类物种能够在地球上存在多长时间没有规律。而且，达尔文坚信，一个物种群灭绝的速度要比它们产生的速度慢得多。

海平面上升或者地壳运动导致海洋中某个小岛被海水淹没，海岛上所有无法迁徙的生物就跟着小岛一起深入海底，岛上独有的物种也就迅速灭绝。

恐龙会复生吗？

恐龙还会出现吗？或者说，曾经灭绝的动物还会再出现吗？如果它们再次出现，与灭绝前还是一个物种吗？这可真是个异想天开的问题，不过，认真的达尔文还是对这个问题进行了解答。

达尔文在南美洲的拉普拉塔做研究时，曾经发现了很多现乳齿象、大懒兽、箭齿兽等已经灭绝的动物的化石，令他惊奇的是，一颗马的牙齿化石居然与这些化石埋在一起。要知道，当时南美洲的马是西班牙人从欧洲带过去的，之后因为其惊人的繁殖速度才很快遍布南美洲大陆。

达尔文把这个惊人的发现告诉了朋友欧文教授，欧文研究后发现：原来，那些马的化石和西班牙人带来的马根本不是一个物种，而是南美洲的土著马！而在大约8000年前的全新世早期，这种南美土著马就灭绝了。即使后来有新的马进入这片土地，也无法再次完美复制南美土著马的演化路线，因而也就无法变成土著马的样子。也就是说，**已经灭绝的物种，哪怕是在完全相同的生长区域，也不会复活。**

所以，小朋友们不用担心某天会突然被一头巨大的霸王龙追赶了。

人们在南美洲拉普拉塔发现了巨大的甲片化石。

世界是条“平行线”

全世界的生物演化几乎是同步发生的。在南北极和赤道地区一些地层中发现的古海相生物遗骸与欧洲白垩纪地层中所见到的，有很高的相似性。这让达尔文惊喜万分。

他用自然选择学说为这个现象找到了原因：新物种的形成，是因为它们比旧物种更有生存优势。这些占领了“地盘”的新物种，很快又会产生大量的新变种，随着时间的推移逐步扩散，最后在分布上取得成功。所以，我们现在看来，地球上的生物每隔一段时间就像是换了一批一样。

不过，由于海洋和地形的阻隔，陆地上生物的平行演替没有海洋中那样明显。而且，不同属的物种，发生变化的速度和程度都不一样，越古老的物种，与现代类型之间的差异也就越大。比如，1.45亿年前的蜜蜂，和现在生活在地球上的“蜂子蜂孙”们就有很大不同。

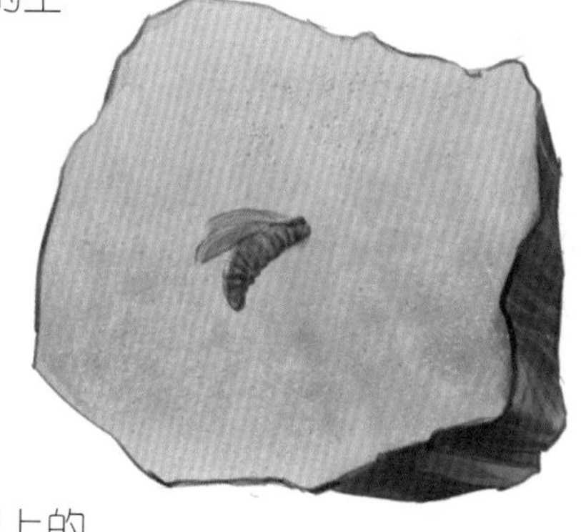

中新世时期的蜜蜂化石，收藏于中国蜜蜂博物馆

原来它们是“近亲”

像蜜蜂一样在地球上存活了上亿年的物种还有很多，在这些物种和它们的祖先之间，有一条看不见的线连接着。它们的外形虽然不太一样，但一定有血亲关系。

这点通过生物化石就能够证明：在南美洲拉普拉塔一些地方发现的巨大甲片化石，与现在犰狳的甲片很像。欧文教授研究后指出：它们可能是同一演化支的旁系群。

由此，达尔文得出结论：旧类型被改良过的新类型所取代，是因为改良过的新类型是变异的产物，更加适应生存环境。

散落在各地的生物

亲爱的小朋友们，通过前面的阅读，我们知道了地球上的生物每隔一段时间都会经历一次“更新换代”，在本部分，我们将了解到这些生命在地球上是如何分布的，以及生物们拥有的神奇的“搬家”本领。

地球上有很多天然屏障，把陆地分成不同的区域，这座山两边的生物类群明显不同。

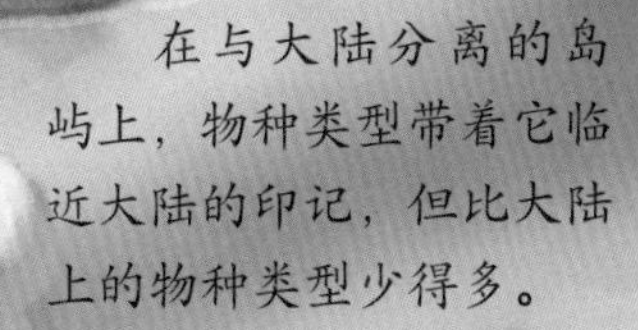

两栖动物为了获得更好的生存条件，从一个池塘跳到另一个池塘。

海平面下降，海峡中出现了“大陆桥”。

被洪水带走的树枝到了新的地方会生根发芽。

海洋是陆生生物迁徙的天然屏障。海洋两边的生物群类也明显不同。

陆地上的淡水动物可以通过洪水从一个水系迁徙到另一个水系。

植物们为了“搬家”大展神通，如把种子粘在动物的身上。

在大洋中“与世隔绝”的岛屿上，物种具有相对独特性。

三件让达尔文惊奇的“大事”

在研究地球表面的生物分布时，达尔文发现了三件让他惊奇不已的“大事”。

- 各地生物是否相似，不全由气候和自然条件决定。比如，在北半球纬度相近的欧洲和北美洲，一些自然条件大体相似的地区，生物类型却有很大的不同。
- 只要存在能够妨碍生物自由迁徙的障碍物，障碍物两边的生物大都会存在明显差异。在巍峨的山脉、连绵的大沙漠，或者大河两边，常常会看到不同类型的生物。
- 虽然物种的类型在各地大不相同，但在同一块大陆或者同一片海洋中，生物或多或少有亲缘关系。某位博物学家有一次从北向南旅行时惊讶地发现：形态相似但明显不是同一物种的鸟会发出几乎一样的叫声。

生活在大洋洲的哺乳动物跟其他地方的有所不同，它们大多像袋鼠一样肚子上有个育儿袋。

单一地点起源论

在南美洲的拉普拉塔平原上旅行时，达尔文发现了一个有趣的现象：广阔的拉普拉塔平原上生活着名为刺鼠和绒鼠的两种啮齿目动物，这两种动物的习性和生活在欧洲的野兔几乎相同，外形却更接近鼠科动物。

当他向水中看去时，河流里出没的啮齿目动物河鼠和水豚，是与生活在欧洲的海狸和麝鼠习性相似的动物。这样的例子随处都是，不胜枚举。不同的大陆上生活着这么多习性相同、外貌却完全不同的物种，这是什么原因造成的呢?

达尔文认为：**一个物种总是先在一个地方起源，然后向四周扩散，在扩散的过程中不断发生变异，成为不同的物种。**尽管发生了很多变异，但是由于存在亲缘关系，这些物种还是会大体保持相似。所以，每个地区的物种都有自己的特点，这就是著名的“单一地点起源论”。

救命呀！

同时生长在南北极的植物

不过，现实中却有很多不能用“单一地点起源论”来解释的现象。例如，很多同属的物种分别出现在了相隔很远的地方，比如在南北两极都能找到的同种苔藓植物；在被大片陆地隔开、互不流通的江河中，会出现同一种淡水生物；而在某些被大海隔开、距离陆地几百千米的小岛上，也可找到与陆地上相同的物种。

这些物种是怎样跨越海洋这样的天然屏障的呢？要知道，植物也许可以靠漂流，但对不会游泳的动物来说，这实在是一丁点儿的可能都没有。即使是会游泳的动物，横跨海洋也是非常困难的任务。难道说，这些物种像我们人类一样，会制造某种交通工具横跨海洋吗？

对于这个问题，达尔文表示：“在很多情况下，我们尚无法解释一个物种是如何从一个地方迁徙到另一个地方的。”不过，就像我们之前看到的那样，达尔文可不会轻易放弃自己的理论。

天然桥梁

你知道吗？地球的地理和气象条件曾经发生过巨大变化。

在长达46亿年的历史中，地球远远没有现在看起来的那样平静，海洋和陆地的位置也不是固定不变的。我们现在看到的高山、海洋这样的障碍，在很久之前可能根本就不存在。

300万年前，南、北美洲还未连接在一起，大西洋和太平洋海水在这里自由交换。后来，巴拿马地峡形成，阻隔了海洋生物的来往，却让南、北美洲的陆地动物群开始迁徙、交换。而现在分开亚洲和北美洲的白令海峡位置，在1.8万年前的第四纪冰川最盛时期，海平面下降，曾经出现过“桥梁”，动物们通过白令陆桥往来于两块大陆。

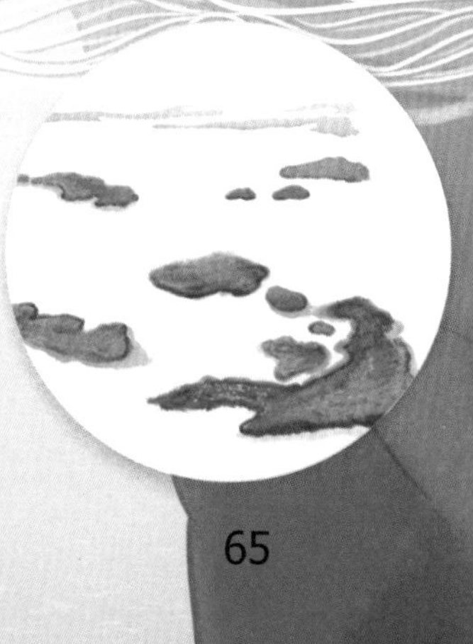

那些大洋之中的岛屿，大部分都曾经与大陆相连，且在它们与陆地之间也曾存在过很多岛屿，这些中间的岛屿就像动物们迁徙时的“驿站”一样，只不过后来沉没了。

植物大显神通

与动物比起来，植物的迁徙方式要更加丰富，也更加有趣。很多时候，它们就像在施展魔术一样大展神通。

很多植物的种子都可以搭乘洋流这艘“大船”去世界各地生根发芽。为了证明植物真的有这项本领，达尔文将 87 种植物的种子浸泡在海水中，28 天后他惊奇地发现，有 67 种植物的种子依然可以发芽；即使过了 137 天，还是有种子可以发芽。

有时候，植物的种子也会搭乘由动物们驾驶的“航班”，粘在动物身上或被鸟类吃到肚子里；有时候，它们会藏在河流和风姑娘的“顺风车”中，在登陆之后生根发芽；封存在冰川或泥土深处的种子，遇见合适的契机就能生存下来。

你瞧，植物们多么神通广大！

“空降”的鱼

按照我们前面说的理论，淡水生物似乎应该是分布范围最小的。它们不能走、不能飞，离开了淡水很快就会死掉，加上有陆地将河流、湖泊系统分隔，海洋也是它们无法逾越的天然屏障，似乎很难扩散到遥远的地方。然而事实恰好相反，许多淡水生物的分布极广，甚至遍布全球。

达尔文第一次在巴西的淡水中采集标本时，十分惊讶地发现，那里的一些淡水昆虫和贝类与英国的极其类似，但是周围的陆生生物则与英国的大不相同。这些淡水生物是怎么到达被海洋分开的两块大陆的呢？

经过研究，达尔文推断出这些生物的迁徙轨迹：它们以一种对自己有利的方式，从一个池塘迁徙到另一个池塘，从一条河流迁徙到另一条河流，最后扩散到世界各地。通过地下暗河自不必说，它们还有一些惊心动魄的“旅行”方式：有时候，它们会被洪水带到另一条河流；有时候，它们甚至会被龙卷风卷到天上，落进另一条河流。对于水生植物和贝类来说，鸭子等生物也会将它们带到其他水系。

孤独的海岛生物

如果所有的生物都可以通过特定的本领传播和扩散，那么，海岛上的生物类型是不是也和陆地上的一样呢?

在环球航行中，达尔文发现了一件有趣的事：海岛上的生物类型要比陆地上少得多，不会有“土著”青蛙这样的两栖类动物，也少有陆生哺乳动物的踪迹，除了会飞的蝙蝠。至少在达尔文时代所有的航海记录中都是这样写的。

青蛙等两栖动物之所以不能在海岛上生存，是因为海水会杀死它们的卵。海岛上没有陆生哺乳动物则是因为它们无法跨越海洋来到离陆地 500 千米以外的海岛。海岛之间以及海岛与邻近大陆之间海水深浅和距离远近直接影响两地间生物的亲缘关系。

而在太平洋东部的加拉帕戈斯群岛，达尔文发现，那里的许多生物都带有美洲大陆的印记，却又有自己独特性。

这或许与岛屿的成因有些关系。加拉帕戈斯群岛从未与任何大陆相连，是由海底火山和珊瑚礁直接形成的，距离它最近的南美洲大陆有 1 000 多千米。岛上除了原产的海相生物外，大多是临近的南美洲大陆的“移民”，以蕨类植物和能飞行的鸟类、昆虫为主。因为长期与世隔绝，岛上逐渐生成了许多特有的动植物物种。

生物之间的亲缘关系

亲爱的小朋友，通过前面的阅读，我们学习了物种迁徙的诸多方法，在本部分，我们将要学习生物的“谱系”和分类依据。为什么在水里生活的鲸不是鱼，会飞的蝙蝠不是鸟，而是哺乳动物呢？接下来，就让我们跟随达尔文的脚步，一起去找找答案吧！

狗和袋狼的颚非常相似。

亲缘关系近的动物，构造上也会出现非常大的差异。

同属啮齿目的松鼠和田鼠，构造和生活习性大不相同。

袋狼的头骨

狗的头骨

蝙蝠虽然会飞，
却是哺乳动物。
相似的生活习性不能完全作为分类的依据，比如海豚虽然生活在海洋中，却是哺乳动物。
人类上肢的骨骼与蝙蝠的翼骨结构十分相似，这种类似的结构叫作同源构造。
大洋中孤岛上的鸟类，因为岛上没有猛兽，极少被迫起飞，导致翅膀退化。
原始构造的功能会发生改变，比如螃蟹的颚足是由腿变形形成的。

生物的“家谱”

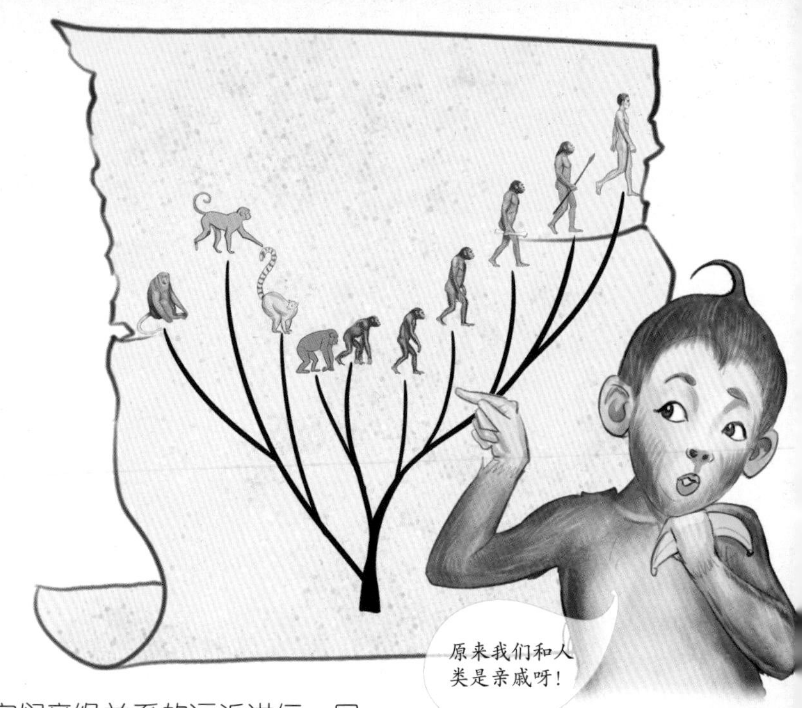

小朋友们听说过“家谱”吗？家谱记录了家族成员的基本信息、迁徙的历史等，可以用来了解家族成员之间的血缘关系和亲疏远近，如果一份家谱的记录足够久远，就可以查询到自己的太太太太爷爷是谁。

不仅人类，地球上的其他生物也有“家谱”。小朋友们还记得我们曾经说过的达尔文生命树吗？达尔文认为，我们现在看到的所有生物都有一个共同的祖先，在生存的过程中经过不断变异，才形成现在的体系。

生物之间多多少少都会带点“亲戚”关系，在给物种进行分类时，也应根据它们亲缘关系的远近进行，只要按照这种方法，就算是已经灭绝的生物也能够“认祖归宗”。

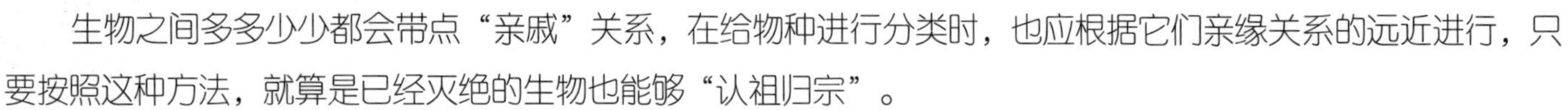

生物分类由大到小主要分为七个等级：界、门、纲、目、科、属、种，用的就是达尔文的理论。

鲸不是鱼

不过，达尔文时代的博物学家们大多主张按照自然系统来对生物进行分类：把最相似的物种放在一起，把不相似的分开，再用一句话表示一类生物的共同特征。比如，把生活在水里的动物都叫作鱼。

但是，后来人们又发现，有些动物虽然生活在水里，但它们与鱼类完全不同。比如鲸，它们的前肢虽然已经演化为鳍，后肢已经退化，生活习性也与鱼类十分相似，但仍然保留了哺乳动物最显著的特征：用肺呼吸（这就是鲸喷出水柱的秘密），胎生，并用哺乳的方式养育幼崽。

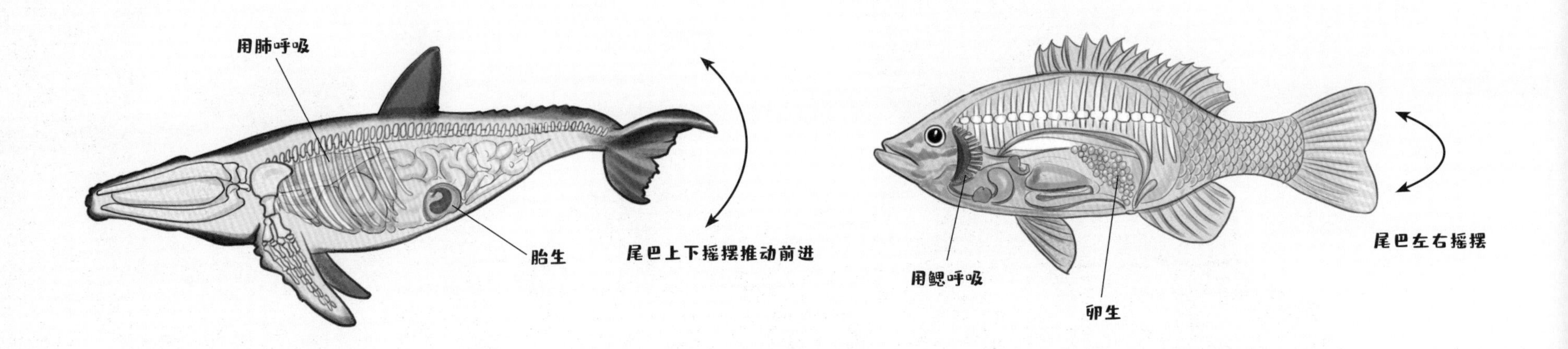

河狸、松鼠与鼯鼠

除会将亲缘关系远的物种误认为是同类外，这种分类方法有时还会将亲缘关系近的生物推得远远的。比如，在啮齿目下，既有生活在水中的河狸，也有生活在树上的松鼠，甚至还有可以在林间滑翔的鼯鼠，它们虽然构造上有很大差异，但确实是由同一祖先演化而来的关系很近的“亲戚”。

为了适应生存环境，这些啮齿目生物演化出了完全不同的形态特征，河狸的趾间有蹼，适合在水里游泳；松鼠有一条毛茸茸的大尾巴，可以充当它们在树上跳跃时的“降落伞”；鼯鼠飞行时伸开四肢，前后肢之间宽大而多毛的飞膜能够帮助它们在空中滑翔，从远处看就像蝙蝠一样。

你瞧，它们虽然都是一家子，但区别多么巨大。不过，达尔文的“自然选择”正好可以解释这一点：那些分布范围广、十分分散和常见的物种，正是优势较大的物种，同时也是变异最大的物种。通过自然选择的作用，同一个祖先繁衍出很多发生变异的后代，最后分裂成不同的类群。啊，感谢自然选择！

河狸

松鼠

是的，鲸并不是鱼，而是哺乳动物。你瞧，根据自然系统简单地对生物进行分类，不是很靠谱呀！分类不仅要看是否类似，还要注重生物更深层次的联系。林奈先生就曾说过：“不是特征造成属，而是属显示特征。”

鼯鼠

趋同演化

不同的生物在演化过程中，因为生活条件比较相似，面对同样的选择压力，会产生功能相同或结构相同的演化。像鱼一样生活在水中的鲸，为了适应水的阻力，演化出流线型的身体，而且拥有类似鱼鳍一样的器官来游动，但它们胎生、哺乳、用肺呼吸，所以还是哺乳动物。

鲸鳍和人的上肢属于同源构造器官

看到这里，很多小朋友一定会感叹：给生物进行分类，实在是太难了！不要着急，在看过了一些“不靠谱”的依据之后，达尔文提供了一个新的思路：同一纲的成员不论生活习性如何，它们躯体的“总体设计”是相似的。

可不要误会，这里说的相似可不是外表特征，而是身体构造和器官。这种相似性可以用“构造一致”进行描述，比如，在哺乳纲中，适合抓举的人的上肢、便于挖掘的鼹鼠的前肢、马的腿和蝙蝠的翅膀，都是由相同的构造组成的，而且在同一对应的位置上有相似的骨骼。

这实在是太神奇了！类似的例子不胜枚举。根据达尔文的自然选择学说，可以解释这个问题：我们知道，每种变异对于生物来说都有可能会因为相互作用而引起身体其他部分的变异。比如，一种附肢的骨骼可以缩短和变扁，再包上很厚的膜当作鳍来使用；或者，一种有蹼的爪，可以使它的骨骼变长，中间连接的膜扩大之后，就可以当作翅膀使用。

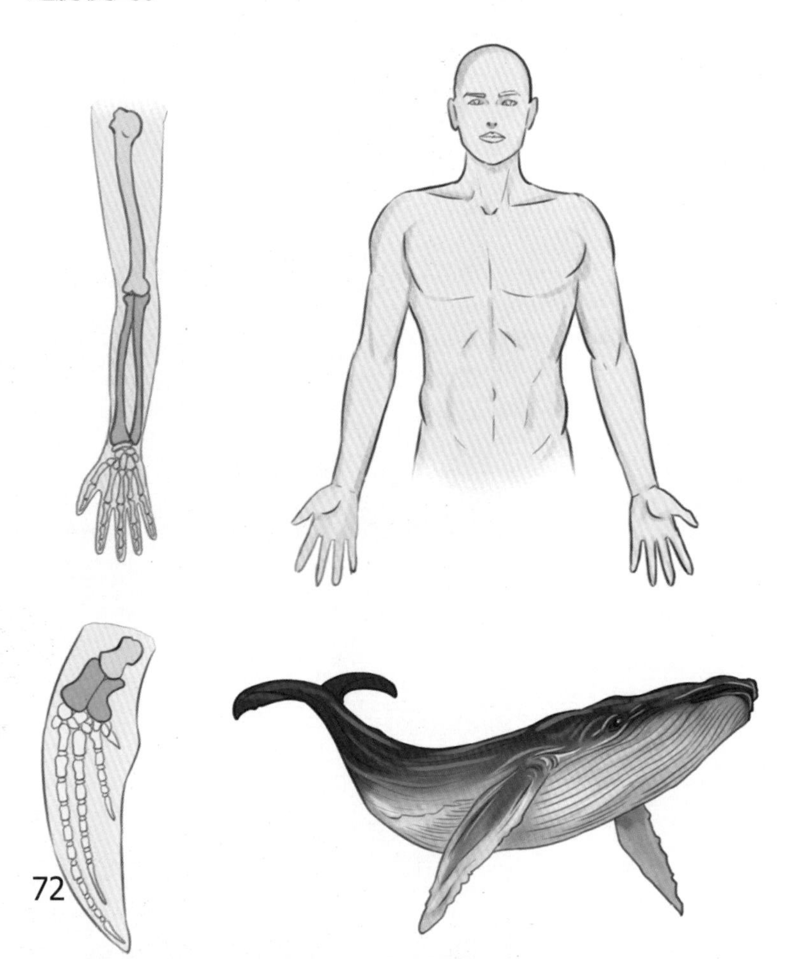

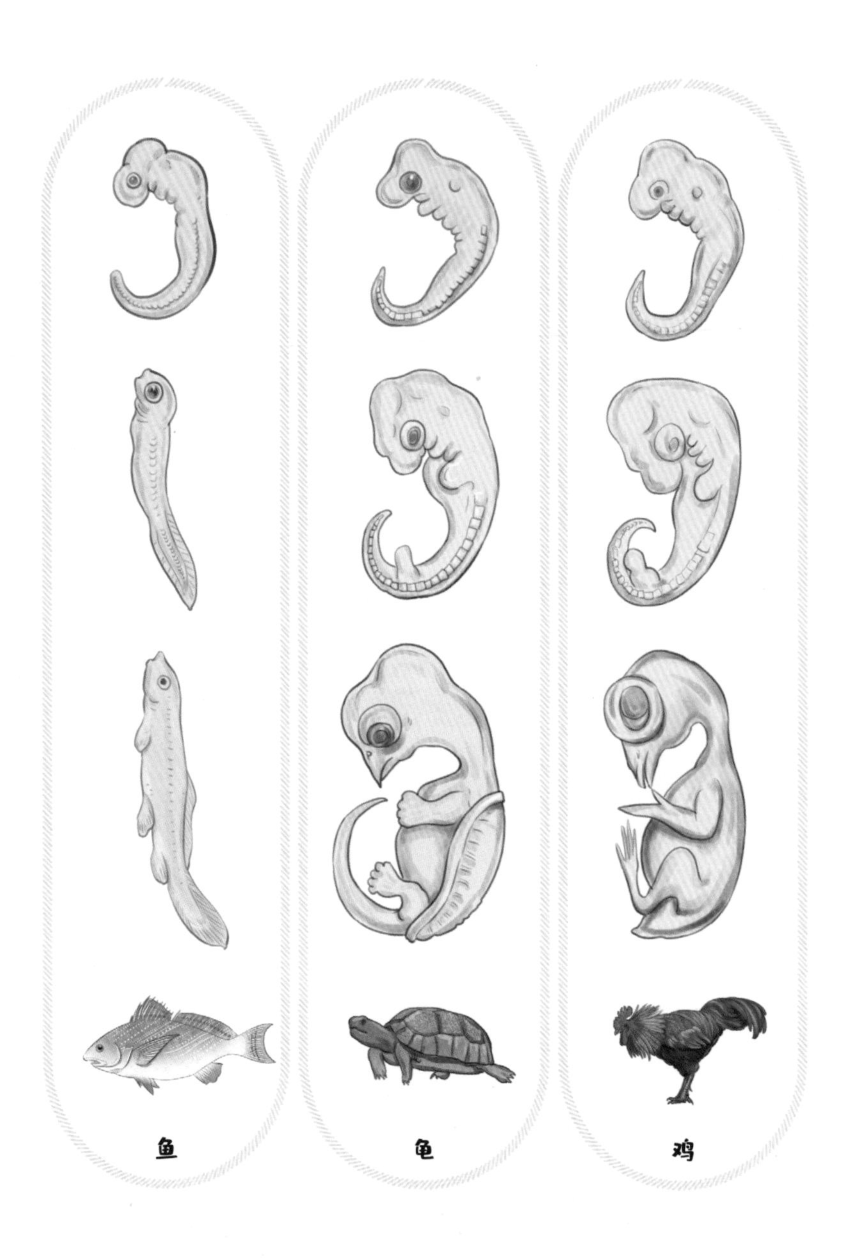

这些动物的祖先都是鱼类

除上面所说的同源构造外，动物的胚胎也为达尔文的理论提供了有力的证据。同一纲内不同物种的胚胎，常常惊人地相似。当时的生物学家冯·比贝甚至说：“哺乳类、鸟类、蜥蜴类、蛇类，大概还包括龟鳖类在内的胚胎，在早期阶段都非常相似。”显然，它们甚至属于不同的纲。

由于早期胚胎还没有长出四肢，博物学家们甚至无法分辨这些胚胎属于哪类动物。而且，因为还是胚胎，它们

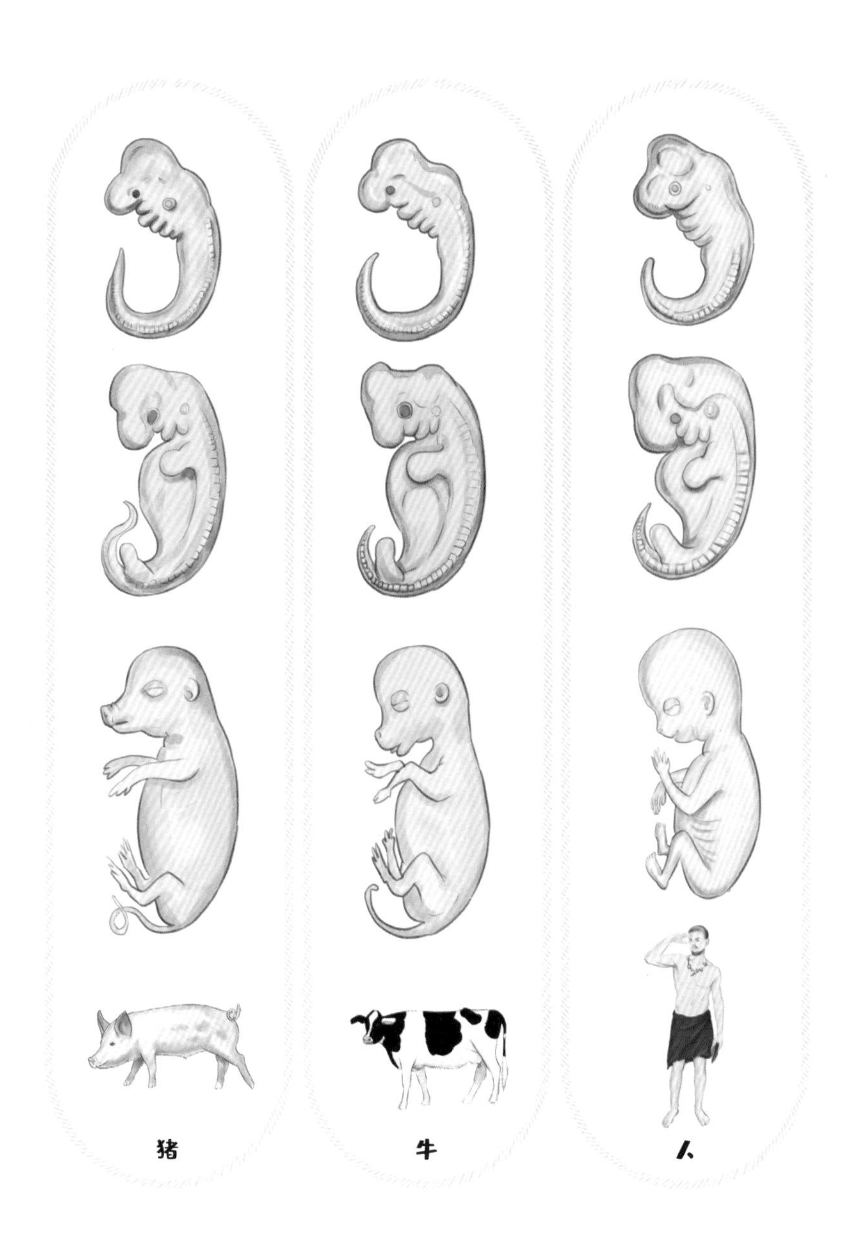

的构造可与它们长大后的生存环境没有必然的关系。比如，鸟卵在巢中孵化，哺乳动物的胚胎在母体的子宫内成长，而青蛙往往把卵产在水中。令人达尔文感到惊奇的是，脊椎动物的胚胎在早期都有鱼类的鳃裂，而胚胎反映的是祖先的构造。由此，达尔文得出一个大胆的猜测，这些动物的祖先都是鱼类！

残迹器官

小朋友们有没有想过一个问题：哺乳动物的雄性不用哺育宝宝，为什么它们会有乳头？其实呀，生物身上这样"没用"的结构还有很多，比如我们人类的阑尾几乎完全失去了作用；鸟类的"庶出翼"可以看作发育不完全的趾；须鲸的胎儿有牙齿，长大之后却消失了。**这些在发育中逐渐退化，只留下残迹的器官，被达尔文称为残迹器官。**

出现退化器官的原因，我们在前面的内容中其实已经说过了：生物身上的器官由于长期不使用，自然选择为了节约能量，会使这些器官逐渐退化，最后彻底失去作用。

这些残迹器官虽然对生物本身来说已经失去了原本的作用，不过，对于达尔文这样的生物学家来说，意义却十分重大：这些残迹器官，不管经过什么步骤退化到了无用状态，都是生物先前状态的记录，并且经过遗传的力量保存了下来，可以帮助分类学家把它们放入分类系统中的合适位置；同时，这些残迹器官也为达尔文的演化学说提供了有力的证据。

须鲸的鲸须取代了牙齿，它们用鲸须来滤食海水中的浮游生物和其他动物。

虎鲸是海洋中的猎杀王者，大而尖锐的一口好牙是它们猎杀时强有力的武器。

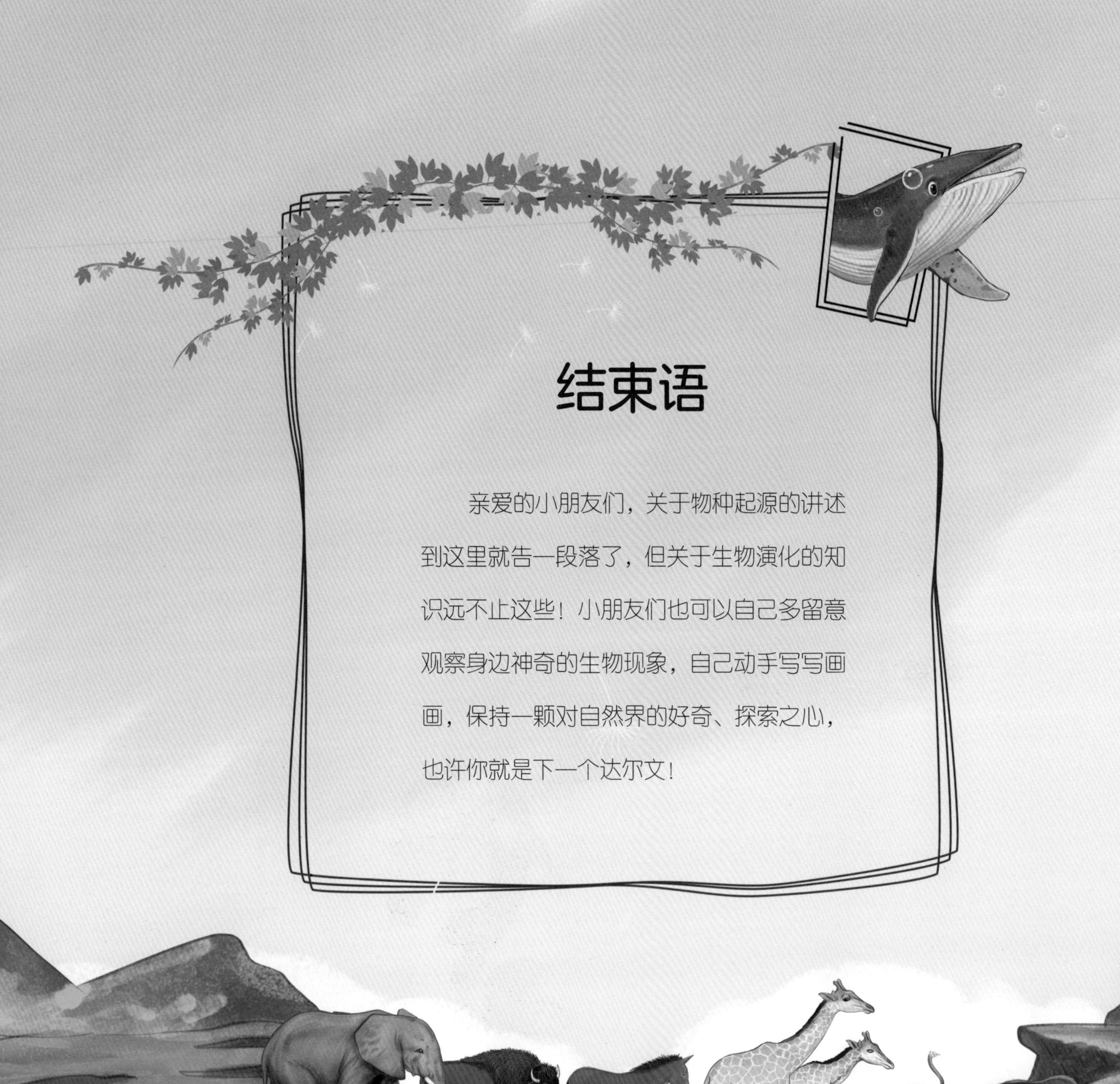

结束语

亲爱的小朋友们，关于物种起源的讲述到这里就告一段落了，但关于生物演化的知识远不止这些！小朋友们也可以自己多留意观察身边神奇的生物现象，自己动手写写画画，保持一颗对自然界的好奇、探索之心，也许你就是下一个达尔文！